サイエンスライブラリ 化 学＝4

化学熱力学 [新訂版]

渡辺 啓 著

サイエンス社

サイエンス社のホームページのご案内
http://www.saiensu.co.jp
ご意見・ご要望は　rikei@saiensu.co.jp　まで．

新訂版の出発にあたって

　1987年に初版本の発行から15年を経過した．当初の著者の意図は多くの読者に迎えられ，版を重ねることができたが，この機会に全体的に見直し，より読み易いものとして，新訂版として発行する運びとなった．本書の基本は変らないが，読者から寄せられた質問なども改訂の材料とさせていただいた．紙面を借りてお礼を申し上げます．また，単位としてはSI単位系を基本として必要な改正を行った．ただし，圧力についてはパスカル (Pa) の他に，日常的な感覚との関連から大気圧 (atm) も多く併用することにした．また田島伸彦さん，鈴木綾子さんにはとくに丁寧に校正していただきました．記してお礼申し上げます．

　　平成14年7月

著 者 し る す

まえがき

　熱力学が"むつかしい"というのは古今東西を問わない共通の認識ないし実感である．それも，難解というよりは，むしろ全体像が把握し難いむつかしさで，いわば，どこがわからないのかよくわからないむつかしさである．

　しかし，化学を本当に理解するためには，熱力学の理解という山を越えないわけにはいかない．というのも，粒子集団の挙動を，巨視的物理量である圧力，体積，反応熱などによって規定するのに熱力学が最良の方法となるからである．たとえば，蒸気圧の温度変化と気化熱，化学反応系の平衡定数の温度依存性と反応熱などの関係が熱力学によって導かれる．また，自由エネルギー変化のデーターを用いれば，平衡定数そのものが計算される．

　本書は，化学への応用を目的として熱力学を学ぶ人のために書かれたもので，とくに初めて熱力学を学ぶ学生諸君のための入門となるよう心掛けてある．そのために，全体として記述を丁寧にし，かつ式の誘導も親切に記したつもりである．

　しかし，式の誘導を辿れたからといって，それだけで熱力学が"わかる"わけではない．熱力学がよくわかるためには，それが概念として把握されなければならない．そのためには，習熟ということが最も大切であって，問題を解くなどの訓練によってはじめて知識が肉体化され，概念的な把握ができるようになる．

　筆者の長年の経験によれば，熱力学を概念的に把握するためにいくつかのポイントがあるように思う．第1のポイントは，準静的変化に伴う熱の出入量で定義されるエントロピーが，変化のプロセスにはよらない状態量である，という点であろう．第3章では特にこの点に心掛けて記述を行った．

　熱力学の学習において，ともすれば混乱しがちな点の1つに，平衡状態ないし準静的変化を前提として導かれた結果を，前提条件を忘れて非平衡の問題にそのまま応用することである．この点についても，読者によくわかってもらえ

　　　　　　　　　ま　え　が　き

るよう記述し，また章末問題を設けたつもりである．

　以上のことと関連しているが，熱力学がわかりにくいもう1つの点は，現在設定されている問題は，どのような条件の系を対象としているか，ということをともすれば忘れたり無視したりしがちなことに由来している．現在考えている系の条件をつねに明確に意識できるようになれば，熱力学にかなり習熟しえたといっても過言ではない．

　自由エネルギーの導入以降は，部分モルギブズエネルギーである化学ポテンシャルが主役となる．化学ポテンシャルをよく理解するためには，部分モル量のことがしっかりと頭に入っていなければならない．これが第3のポイントといえよう．

　以上のようないくつかのポイントを念頭に置きながら，本書をじっくりと読んでいただければ，熱力学の基本概念は自ずから身につくものと信じている．

　本書の執筆にあたっては，サイエンス社社長森平氏および編集の田島氏に大変にお世話になった．誌してお礼を述べたい．なお，筆者の理解のいたらなさや身勝手な思い込みから，なお不十分な点があるものと思われる．読者諸子から不備の点を御指摘いただければ幸いである．

　昭和62年10月

　　　　　　　　　　　　　　　　　　　　　　　著者しるす

目　　次

0　温　度　と　熱

- **0.1**　熱力学とは 1
- **0.2**　いろいろな系 2
- **0.3**　1成分系と多成分系 3
- **0.4**　相 3
- **0.5**　示強性の量と示量性の量 4
- **0.6**　温　度　と　熱 4
- **0.7**　温　度　目　盛 5
- **0.8**　熱力学第零法則 5

1　熱力学第1法則

- **1.1**　仕　　　事 7
- **1.2**　熱と仕事とエネルギー 8
- **1.3**　熱力学第1法則 8
- **1.4**　エネルギーの単位 9
- **1.5**　体積変化の仕事 10
- **1.6**　準静的変化：可逆変化と不可逆変化 11
- **1.7**　理想気体の等温体積変化 12
- **1.8**　理想気体の内部エネルギーと温度 14
- **1.9**　状態量：完全微分量と不完全微分量 16
- 演　習　問　題 19

2 第1法則の応用：エンタルピー，熱容量，反応熱

- 2.1 定積変化と定圧変化：エンタルピー 20
- 2.2 定積熱容量と定圧熱容量 21
- 2.3 理想気体のモル熱容量 22
- 2.4 エネルギー等分配則と理想気体のモル熱容量 23
- 2.5 理想気体の断熱体積変化 26
- 2.6 反応熱とヘスの法則 29
- 2.7 標 準 生 成 熱 31
- 2.8 原子化熱と結合エネルギー 33
- 2.9 反応熱の温度変化 36
- 2.10 ジュール・トムソン効果 38
- 演 習 問 題 39

3 熱力学第2法則

- 3.1 可逆変化と不可逆変化 40
- 3.2 気体の膨張と不可逆変化 40
- 3.3 準静的変化と可逆変化 42
- 3.4 熱力学第2法則 43
- 3.5 熱機関の仕事効率 46
- 3.6 カルノーサイクルと最大仕事効率 48
- 3.7 熱力学的温度と絶対温度 51
- 演 習 問 題 52

4 エントロピー

- **4.1** エントロピー 53
- **4.2** エントロピーの計算 55
- **4.3** エントロピーの分子論的意味 60
- **4.4** 熱力学第3法則 62
- **4.5** 残留エントロピー 63
- **4.6** 標準エントロピー 64
- **4.7** 不可逆変化とエントロピー増大則 66
- 演習問題 70

5 自由エネルギーと純物質の相平衡

- **5.1** 自由エネルギー 71
- **5.2** 自由エネルギーと束縛エネルギー 73
- **5.3** 平衡条件 74
- **5.4** 自然変数とルジャンドル変換 75
- **5.5** マクスウェルの関係式 76
- **5.6** ギブズエネルギーの圧力，温度による変化 77
- **5.7** 純物質の液体と蒸気の平衡 78
- **5.8** 固体の融解と昇華，状態図（相図） 82
- 演習問題 85

6 多成分系の相平衡

- **6.1** 開放系の熱力学，化学ポテンシャル 86
- **6.2** 理想気体の化学ポテンシャル 88
- **6.3** ギブズの相律 90
- **6.4** 2成分系の液相—気相平衡 92
- **6.5** 2成分系の固相—液相平衡 96
- **6.6** 2成分系の液相—液相平衡 98
- 演習問題 99

7 溶液の熱力学

- **7.1** 理想溶液 101
- **7.2** 実在溶液と部分モル量 103
- **7.3** ギブズ・デュエムの式 105
- **7.4** 理想溶液の熱力学的性質 106
- **7.5** 活量と活量係数 113
- 演習問題 114

8 化学平衡

- **8.1** 化学反応と反応進行度 115
- **8.2** 平衡定数と自由エネルギー 116
- **8.3** 圧平衡定数と濃度平衡定数 117
- **8.4** 解離平衡 119
- **8.5** 標準生成ギブズエネルギー 121
- **8.6** 平衡定数の温度依存性 123
- 演習問題 127

9 電解質溶液と電池

- **9.1** 電解質 128
- **9.2** 弱電解質の電離度 129
- **9.3** 平均活量（係数） 132
- **9.4** 自発的変化と電池 133
- **9.5** 電池とその起電力 134
- **9.6** 反応の自由エネルギー変化と起電力 136
- **9.7** 起電力の温度依存性と反応のエントロピー変化 139
- **9.8** 起電力と平衡定数 141
- **9.9** 半電池と電極の種類 143

9.10	標準電極電位	145
9.11	濃淡電池	148
9.12	ガラス電極によるpHの測定	150
	演習問題	152

付録1	物理化学量と単位	154
付録2	基本物理定数	157
付録3	偏導関数と全微分	157
付録4	物理・化学量の記号	165

問題略解	166
索引	178

0 温度と熱

0.1 熱力学とは

　熱力学は，熱と熱以外のエネルギーとの関係に関する学問である．そもそも，熱とは，多数の粒子（原子，分子，イオンなど）が無秩序に運動しているときの，運動エネルギーの総和である．粒子が同じ方向へ揃って運動している場合には，物体（重心）は一定の方向へ運動していることになる．しかし，粒子の運動を完全に同一方向にのみ揃えることはできないので，粒子の運動エネルギーの総和は物体の並進運動のエネルギーと熱エネルギーとに分けられる．したがって，熱エネルギーについて考える場合には，粒子はてんでんばらばらに運動しているだけで，物体（重心）は全体としては静止しているものとする．

　熱がエネルギーの1つの形態で，物体の並進運動のエネルギーや位置エネルギーと互いに変換できるものであることの発見が，熱力学の出発点となった．これは**熱力学第1法則**とよばれている．

　では，熱エネルギーを全部並進運動のエネルギー，すなわち仕事*に変えることができるであろうか．Carnot（カルノー）の熱機関の仕事効率に関する研究は，この問題を追求したもので，その成果は**熱力学第2法則**として結実した．

　このように，熱力学は，エネルギーの一形態である熱の特質に深くかかわっている．熱力学第1法則は，**エネルギー保存則**ともよばれている．エネルギー保存則は，熱も仕事も同じもので，いずれもエネルギーと名づける活動力の源泉の異なった現われにすぎず，エネルギーの総量は一定不変に保たれる，という長年にわたる人類の経験事実を法則として把握したものに他ならない．

　他方，熱力学第2法則は，**エントロピー増大則**ともよばれている．この法則は，熱が粒子の乱雑な運動であることに起因している．"覆水盆に返らず"のた

---

*　仕事については7ページで解説する．

とえのとおり，粒子の揃った運動である並進の運動は，それをばらばらな運動である熱に変えれば，それを再び完全に揃えて元の並進へ戻すことはできない，という事実が第2法則の内容である．盆の水を床にこぼすと水は乱雑な状態になる．一旦乱雑な状態になった水は，特別な操作をしない限りそれを全部集めて盆に戻すことはできない．熱も特別な操作をしなければ粒子の揃った運動に変えることはできない．粒子の運動がどれだけ"乱雑であるか"を示す尺度がエントロピーである．

一方，熱力学は，温度・圧力・体積など物体の巨視的な物理量のあいだの関係を明らかにする学問である，ともいえる．"巨視的な物理量"というときには，多数の粒子の乱雑な運動によりもたらされる揺動絶えなき量の平均値を意味しており，観測時間も，粒子の衝突によってもたらされる微小な変化が無視できるほどの長期にわたることを前提としている．

0.2 いろいろな系

熱力学の対象とする物質を，**系**（system）という．系には，周囲（**外界**という）と熱や物質の出入りが可能か否かで，次の4種類が考えられる．

i)	孤立系 (isolated system)	外界と熱，仕事などのエネルギーの交換も物質の出入りもない系．
ii)	断熱系 (adiabatic system)	外界と仕事によるエネルギーの交換は可能であるが熱，物質の出入りはない系．
iii)	閉鎖系 (closed system)	外界と熱，仕事などのエネルギーの交換は可能であるが物質の出入りはない系．
iv)	開放系 (open system)	外界と熱，仕事などのエネルギーの交換も物質の出入りも可能である系．

ある系の内部のどの部分をとっても温度，組成などが等しい系を**均一系**（homogeneous system），そうでない系を**不均一系**（heterogeneous system）という．たとえば，濃度が均一な食塩水の系は均一系であるが，水に氷が浮かんでいる系や食塩水の底に食塩が沈んでいる系は不均一系である．

0.3　1成分系と多成分系

上の例で，水と氷の系は，1種類の分子 H_2O だけからなる系である．このような系を **1成分系** という．それに対し，食塩水は水 H_2O と塩化ナトリウム $NaCl$ とからなる **2成分系** である．塩化ナトリウムは水溶液中で

$$NaCl \longrightarrow Na^+ + Cl^-$$

と電離しているので，水溶液は3成分系のように見えるが，Na^+ と Cl^- とは必ず1対1の割合で存在し，それぞれを独立に変えることはできないので，Na^+ と Cl^- とは1つの成分とみなす．2つ以上の成分からなる系を **多成分系** という．

0.4　相

均一な食塩水は1つの相―液相―からなる系であるが，水と氷の系は液相と固相とからなる系である．**相**（phase）とは，明確な境界線で他の部分と区別される部分をいう．系が平衡状態にあるときには，相の内部ではどの部分をとっても温度・圧力・濃度などが等しくなっている．すなわち，相の内部は **均一** である．しかし，牛乳のようなコロイド溶液では，溶液全体を1つの相とみなすか，あるいは溶媒とコロイド粒子を別々の相とみなすかは，問題の設定の仕方による．すなわち，巨視的に見れば均一であるが，半微視的に見れば2つの異なる相の集まりとなる．

水と氷の系は2つの相からなり，それぞれの相は均一であるが系は **不均一** である．

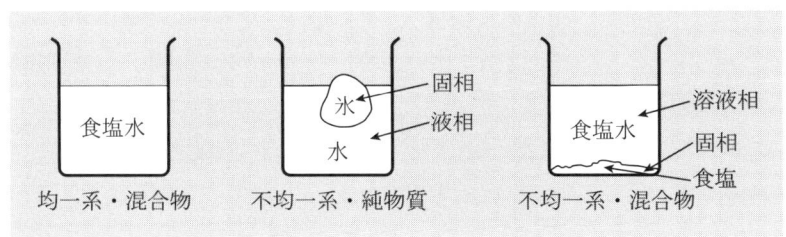

図 0.1　いろいろな系と相の例

0.5 示強性の量と示量性の量

系を放置しておいても性質が変化しないとき，その系は**平衡状態**（equilibrium state）にある．平衡状態にある系は一定の物理量を示す．これを**状態量**（quantity of state）という．

状態量は**示強性の量**（intensive quantity）と**示量性の量**（extensive quantity）とに分けられる．

> i) 示強性の量：物質の量に無関係な状態量．温度，圧力，濃度，密度など．
> ii) 示量性の量：物質の量に比例する状態量．体積，質量，物質量など．

示量性の量は物質の量に比例するので，2つの示量性の量の比は物質の量に無関係となり，示強性の量となる．たとえば質量も体積も示量性の量であるが，その比（密度）は示強性の量である．

0.6 温度と熱

温度は示強性の量であるが，熱は示量性の量である．すなわち，熱エネルギーは他の量がすべて同じならば物質の量に比例する．したがって，温度など他の量がすべて等しい物質 2A mol に含まれる熱エネルギーは，物質 A mol に含まれる熱エネルギーの2倍になる．

一方，温度が等しい2つの物質 A と B とを接触させても，温度は変らない．これは，高さが等しい2つの山を結びつけても高さはもとのままであるのと同じである．圧力も示強性の量で，圧力の等しい2つの理想気体の容器を連結しても圧力は変らない．

温度は，一定量の物質に含まれる熱エネルギーの尺度である．そして，熱エネルギーがゼロとなる温度が**絶対零度**である．

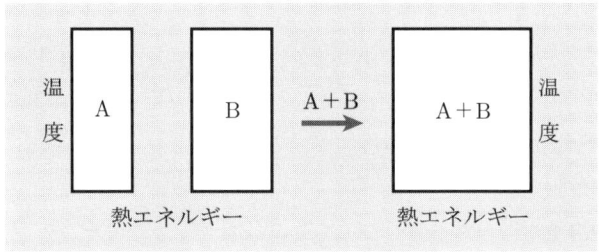

図 0.2 示強性の量と示量性の量
同じ温度の物質 A と B とを加えても温度（高さ）は変らないが熱エネルギー（体積）は A+B となる．

0.7 温度目盛

今日，日常的に用いられている温度目盛はセ氏（Celsius）温度目盛である．これは，1気圧における水の氷点を 0°C，沸点を 100°C としたものである．

絶対零度を 0 とする温度目盛が**絶対温度**（absolute temperature）である．1848 年 Kelvin によって導入されたので，**ケルビン**（K と表示）とよぶ．セ氏温度目盛 t とは

$$T = t + 273.15 \tag{0.1}$$

の関係にある．すなわち，1度の温度目盛はセ氏に同じで，ただ 0° の基準をずらしただけである．

なお，絶対温度目盛の意味については 51 ページで述べる．

0.8 熱力学第零法則

熱力学の定理は，永い年月にわたる人々の経験事実を原理として述べたものが多い．その最初の例が，"熱的平衡と等温" に関する定理である．それは，次のように表わされる．

"外界と熱の出入りのみが許されている 2 つの閉鎖系 A と B を接触させたとき，その間に熱の移動がない場合，A と B の温度は等しい"．これを**熱力学第零法則**という．

2つの閉鎖系 A と B を熱的に接触させたとき*，A から B へと熱が流れた場合は，A の方が B よりも高温であるという．さらに，$(A+B)$ の系を外界から遮断した孤立系にしておくと，最終的には A から B への熱の移動は停止する．すなわち，熱的な平衡状態に到達する．このときには，先の原理により，A と B の温度は等しくなっている．

A と B の温度が等しく，かつ A と C の温度が等しいならば，B と C の温度も等しいはずである．この原理を利用して，温度計による温度の測定が行われている．温度計としては，水銀やアルコールの体積の温度による変化，白金線などの金属線の電気抵抗の温度による変化，などを利用した色々なものが作られている．

---

* 熱の出入りのみが可能な状態での接触．したがって仕事によるエネルギーの交換は許されない状態．

1 熱力学第1法則

1.1 仕　事

　力と変位の積を**仕事**という．たとえば，力 f で物体を微小な距離 dl だけ動かしたときに物体になされる仕事 dW は

$$dW = f(l)dl \tag{1.1}$$
（仕事＝力×変位）

となる．一般には力 f は距離 l とともに変化するので，l の関数と考える．上式で力を $f(l)$ と表わしたのはそのためである．

　圧力 P で気体を圧縮し，体積を dV だけ減少させるときに気体になされる仕事について考えてみよう．図 1.1 のように，面積 S のピストンを外部から P の圧力で押したとしよう．圧力は単位面積に加わる力であるから，このときピストンに加わる力は $f = P \times S$ である．その結果ピストンが $-dl$ だけ動いたとすると

$$dW = -fdl = -PSdl \tag{1.2}$$

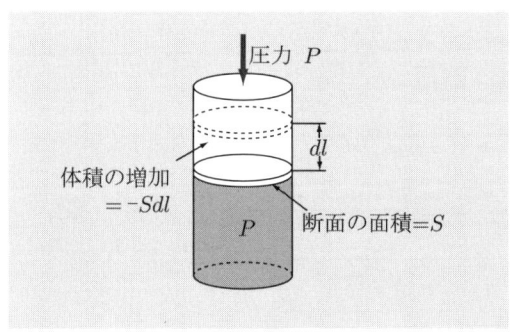

図 1.1　気体の体積変化

となる．$Sdl = dV$ であるから，(1.2) 式は次のようになる．

$$dW = -P(V)dV \tag{1.3}$$

電位差 ϕ のもとで電荷 dq だけ運ぶときにも，系は仕事をされる．このときの仕事は次のようになる．

$$dW = \phi(q)dq \tag{1.4}$$

1.2 熱と仕事とエネルギー

1840 年から 45 年にかけて，Mayer（マイヤー）と Joule（ジュール）は独立に，熱と仕事は等価なもので，"活力"の別の形にすぎない，という考えに到達した．この"活力"すなわちエネルギーの総量は不変で，状況に応じて仕事となったり熱となったりする，と彼等は考えた．

エネルギーの総量は一定不変であるということは，論理的に証明されたわけではない．その根拠は，長年にわたる人類の経験と，"無から有は生じない"という常識的な直観である．

古代の頃から，人々は自動的に回転して仕事をし続ける機械の製作を夢みてきた．このような機械を，**第 1 種永久機関**という．しかし，不老長寿の霊薬の研究と同じく，永久機関の製作もついに実現しなかった．このような事実から，自然界にある"活力"は姿を変えるだけで，無から創り出すことはできないという認識を，法則の形で定式化したものが，**エネルギー保存則**である．

1.3 熱力学第 1 法則

Mayer と Joule の発見は次のように整理される．

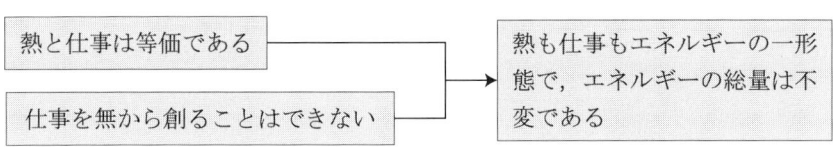

右側の ☐ に述べた定理（エネルギー保存則）を，**熱力学第 1 法則**という．

熱力学第1法則により，系に含まれるエネルギーを定義することができる．これを**内部エネルギー**（internal energy）といい，記号 U で表わす．内部エネルギーの絶対量は求めることができないが，その変化は，系に出入りするエネルギーに等しい．

いま，物質の出入りがない閉鎖系について考えると，系のエネルギー変化は仕事と熱によるだけである．これは

$$\Delta U = Q + W \tag{1.5}$$

と表わされる*．ここで Q は系に入る熱，W は系になされる仕事である．

$\Delta U, Q, W$ の符号は次のようにとる．

> 系のエネルギー増大 $\longrightarrow \Delta U > 0$, 系のエネルギー減少 $\longrightarrow \Delta U < 0$
> 系へ熱が流入　　　$\longrightarrow Q > 0$, 系から熱が流出　　$\longrightarrow Q < 0$
> 系へ仕事がなされる $\longrightarrow W > 0$, 系が外へ仕事をする $\longrightarrow W < 0$

1.4 エネルギーの単位

エネルギーのSI単位はジュール（joule）(J) である．1Jは1ボルトの電位差のもとで1アンペアの電流を通じたとき毎秒発生する熱量で，10^7 erg に相当する．SI単位系では，J = N × m である．ここでN（ニュートン）は力の単位で 10^5 dyn である．なお，SI単位系については付録1に詳しく解説してある．

SI単位系が用いられるまでは，熱と仕事の単位は別で，熱には**カロリー****（cal）が，仕事には**エルグ*****（erg）が用いられていた．1 cal は 1 g の水の温度を 1°C 上昇させるのに必要な熱量である．しかし，水の熱容量は温度により異なるので，温度範囲により少しずつ異なるカロリーがある．最も多く用いられてきたのは，15°カロリー（14.5°～15.5° を範囲として定義）である．

---

* 以下，系は全体としては静止しているものとする．　** calorie：ラテン語で熱を意味する calor に由来する．　*** erg：ギリシャ語で仕事を意味する ergon に由来する．erg = dyn × cm：dyn = cm・g・s^{-2} = 10^{-5}N

今日用いられているカロリーはジュールを基準として

$$1\,\text{cal} = 4.184\,\text{J} \tag{1.6}$$

である．これを**熱力学的カロリー**という（エネルギー単位の換算については付録1を参照）．

1.5 体積変化の仕事

先に述べた種々の仕事のうち，当分は体積変化の仕事のみを考える．いま外部から圧力 P_e で気体を圧縮する場合に，外界が系（気体）に対してする仕事について考える．

外から圧力 P_e で気体を dV だけ圧縮したとき，外部から系になされた仕事は，(1.3) 式より

$$dW_e = -P_e dV \tag{1.7}$$

である．V_1 から V_2 まで圧縮した場合には，(1.7) 式を積分して

$$W_e = -\int_{V_1}^{V_2} P_e(V) dV \tag{1.8}$$

となる．

有限の速さで圧縮するときには一般に内圧 P_i は外圧 P_e よりも小さい*．すなわち $P_i < P_e$ である．このとき系が受け取る仕事は

$$W_i = -\int_{V_1}^{V_2} P_i(V) dV \tag{1.9}$$

である．$V_2 < V_1$ （圧縮）のとき $W_e > W_i$ である．W_e と W_i は，それぞれ図 1.2 の P_e の下の薄い灰色の面積と P_i の下の濃い灰色の面積に相当している．

---

* 気体の内圧は，外圧とつり合っているときにだけ厳密に定義される．有限の速さの変化のときは，P_i の正確な値はわからない．添字 i は internal（内部），e は external（外部）を意味している．

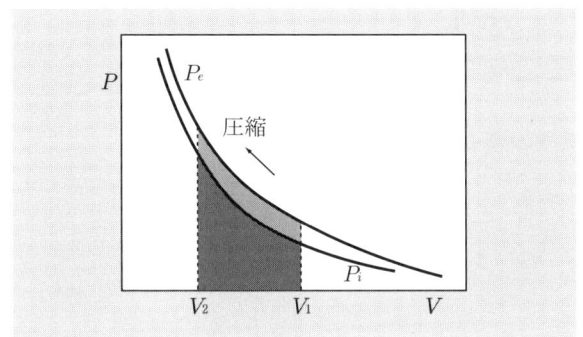

図 **1.2** 気体 P-V 曲線と体積変化の仕事

1.6 準静的変化：可逆変化と不可逆変化

有限の速さで気体を圧縮する場合は，$P_e > P_i$ であるから，外からなされた仕事 W_e の方が，系が受け取る仕事 W_i よりも大きい．一方，エネルギー保存則が保たれていなければならない．W_e と W_i の差は，最終的には熱に変る．

$$W_e = W_i + Q \quad \text{（エネルギー保存則）} \tag{1.10}$$

$W_e = W_i$ となるためには $P_e = P_i$ でなければならない．外圧と内圧が等しければ気体を圧縮することはできない．すなわち，系は平衡状態にある．

しかし，P_e を P_i よりも無限小だけ大きくすることができる．その場合は，体積変化には無限に長い時間を要することになる．このような変化を，**準静的変化**（quasi static process）という．

準静的変化では (1.10) 式の Q はゼロである．次章（熱力学第 2 法則）で詳しく述べるように，仕事を全て熱に変えることはできるが，逆に熱を**全部**仕事に変えることはできない．したがって，$P_e > P_i$ の条件で有限の速さで体積を変えると，仕事の一部が熱に変ってしまうので，系の内・外を含めた自然界全体について考えれば，何等かの変化の跡を残さずに元の状態を復元することはできない．このような変化を，**不可逆変化**（irreversible process）という．

それに対し，準静的変化では，仕事 → 熱の変化は起らず，内圧を無限小だ

け外圧より大きくすれば，何の跡も残さずに元の状態に戻すことができる．このような変化を，**可逆変化**（reversible process）という．

1.7 理想気体の等温体積変化

温度を T で一定に保ったままで，n mol の理想気体を V_1 から V_2 まで準静的に圧縮する場合について考えよう．理想気体の状態方程式は

$$PV = nRT \tag{1.11}$$

で表わされる．ここで R は**気体定数**で

$$R = 8.3144 \, \mathrm{J \, K^{-1} \, mol^{-1}} = 1.987 \, \mathrm{cal \, K^{-1} \, mol^{-1}}$$

である．(1.11) 式を変形すると

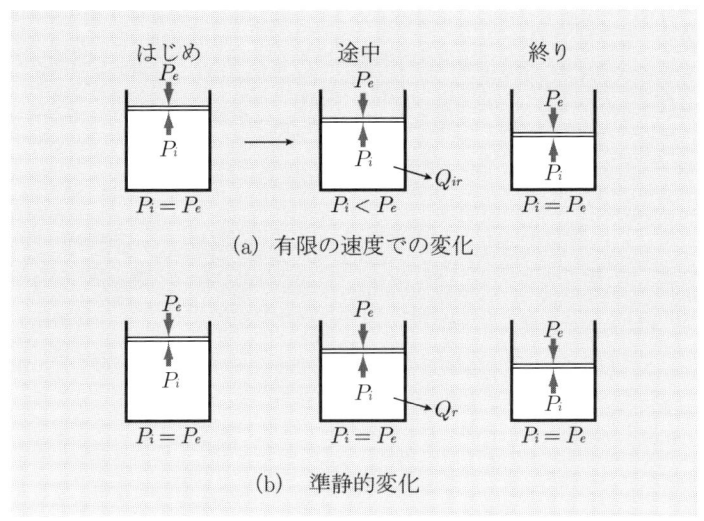

図 1.3　気体の体積変化（圧縮）

温度が一定とすると，はじめと終りの状態は同じであるが，途中では (a) $P_i < P_e$（有限速度での変化）と (b) $P_i = P_e$（準静的変化）とで異なる．摩擦熱などが発生するので，(a) の変化の方が外界へ放出する熱が多い．$|Q_{ir}| > |Q_r|$．外界の仕事が余分に熱に変る．

1.7 理想気体の等温体積変化

$$P = \frac{nRT}{V} \tag{1.12}$$

となる．準静的変化であるから $P_e = P_i$ で，これを P と書くと，(1.8) 式より

$$\begin{aligned}
W_r &= -\int_{V_1}^{V_2} P dV = -nRT \int_{V_1}^{V_2} \frac{dV}{V} \\
&= -nRT \ln \frac{V_2}{V_1} \\
&= nRT \ln \frac{V_1}{V_2} \quad (T = \text{const.})
\end{aligned} \tag{1.13}$$

となる*．W_r の添字 r は，可逆を意味している．圧縮の場合 $V_2 < V_1$ であるから，$W_r > 0$ となる．W_r は気体の物質量 n に比例している．

一定量の理想気体の内部エネルギーは，温度が一定ならば体積によらず一定である（次節参照）．したがって，理想気体の等温圧縮では，気体の温度を一定に保つために，外からなされた仕事に相当するエネルギーを，熱として放出しなければならない（図 1.4）．

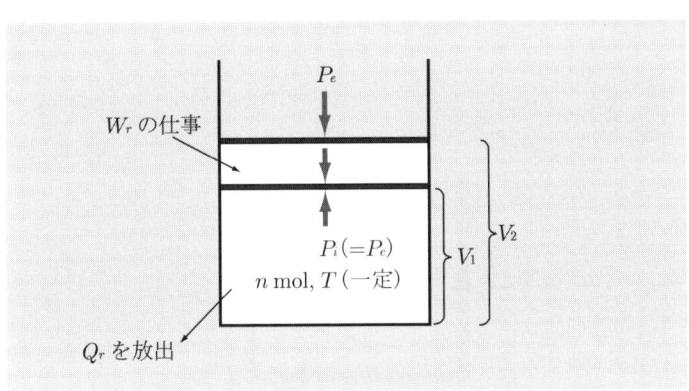

図 1.4 理想気体の準静的等温圧縮

---

* $\int \dfrac{1}{x} dx = \ln x + C$ の関係を使う（$\ln$ は e を底とする自然対数）．すなわち $\int_{V_1}^{V_2} \dfrac{1}{V} dV = \ln V \big|_{V_1}^{V_2} = \ln V_2 - \ln V_1 = \ln(V_2/V_1) = -\ln(V_1/V_2)$.

このことから，準静的な体積変化では，理想気体が外部に放出する熱エネルギーは

$$Q_r = -W_r = -nRT \ln (V_1/V_2) \tag{1.14}$$

となる．すなわち

$$V_2 < V_1 \quad (圧縮) \longrightarrow Q_r < 0 \quad (放熱)$$
$$V_2 > V_1 \quad (膨張) \longrightarrow Q_r > 0 \quad (吸熱)$$

の関係がある*．

1.8 理想気体の内部エネルギーと温度

Joule は図 1.5 に示す装置を用いて，気体を真空中へ自由膨張** させても，気体の内部エネルギーは変化しないことを見いだした．すなわち，気体を入れた容器と真空の容器を連結したものを水槽に入れ，コックを開いて気体を自由膨張させたが，水槽の水温は変化しないことを見いだした．このことは，気体の自由膨張では

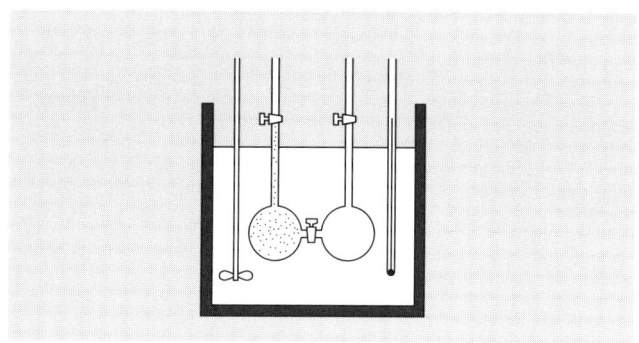

図 1.5 　Joule の実験（真空への膨張）

---

* 9 ページにも示したように，本書では，系の立場でエネルギー，物質等の損失を考えている．したがって，外部から仕事や熱が系に加えられたときは $Q > 0, W > 0$ であり，系から失われたときには $Q < 0, W < 0$ であるとする．
** 外からの力に抗せずに膨張すること．膨張の際に気体は仕事をしない．

1.8 理想気体の内部エネルギーと温度

$$Q = 0 \tag{1.15}$$

であることを意味している．同時に，容器の体積は変化せず，気体は外界に仕事をしないので

$$W = 0 \tag{1.16}$$

でもある．したがって，(1.5) 式より次のようになる．

$$\Delta U = Q + W = 0 \tag{1.17}$$

(1.17) 式は，温度一定の条件では（理想）気体の内部エネルギーは自由膨張の際には変化しないことを式の形で示したものである．

実在の気体では，分子間に引力や斥力が作用しているために，自由膨張の際に多少の温度の変化がある*．しかし，理想気体では分子間力が作用していないために，自由膨張では温度は変化しない．Joule は実在気体について実験を行ったが，検出方法の感度が十分でなかったおかげで，理想気体に関する法則を見いだしたことになる．

Joule の結果は

$$\left(\frac{\Delta U}{\Delta V}\right)_{T=一定} = 0 \quad \text{あるいは} \quad \left(\frac{\Delta U}{\Delta P}\right)_{T=一定} = 0$$

と書ける．$\Delta V \to 0, \Delta P \to 0, \Delta U \to 0$ の極限について考えると，上式は

$$\left(\frac{\partial U}{\partial V}\right)_T = 0 \quad \text{あるいは} \quad \left(\frac{\partial U}{\partial P}\right)_T = 0 \tag{1.18}$$

とも書ける．これを理想気体に関する**ジュールの法則**という．

(1.18) 式のように表わした導関数を，**偏導関数**** という．微分記号 d の代りに記号 ∂ を用いる．U が 2 つの変数 V と T の関数であるとき，T を固定すると V だけの関数となる．(1.18) 式は，そのような条件下での U の V に関する導関数を意味している．

---

　* Joule が Thomson と協同して行った実験により発見された．38 ページ参照．
　** partial derivative. 部分的な導関数という意味．詳しくは付録 3「偏導関数と全微分」を参照．

1.9 状態量：完全微分量と不完全微分量

エネルギー保存則は，自然界のエネルギーの総和は一定であることを命題として述べたものである．その命題が成り立つためには，温度，圧力，物質量などの条件が特定されていれば，エネルギーの量は一義的にきまらなければならない．もしそうでなければ，同一の状態に対していろいろなエネルギーの値が対応することになり，エネルギーの値は任意にとれることになるからである．

したがって，エネルギーは，系の状態が定まればきまった値をとる**状態量**である．内部エネルギーは，物質量に比例する示量性の状態量である．

いま，ある系を状態 1 から状態 2 へ変化させる場合を考えよう．内部エネルギーは状態量であるから，状態 1 と状態 2 の内部エネルギー値 U_1 と U_2 の値はきまっている．したがって

$$\Delta U = U_2 - U_1 \tag{1.19}$$

も一定である．すなわち，ΔU は $1 \to 2$ の変化の仕方によらない (図 1.6)．

いま，一定量の気体を圧力 P のもとで温度を T_1 から $T_2\,(T_2 > T_1)$ まで変化させる場合について考えよう．最も簡単な方法は，外から熱を加えることである (図 1.7(a))．この場合は，系に加わったのは熱だけであるから

$$\Delta U = Q \tag{1.20}$$

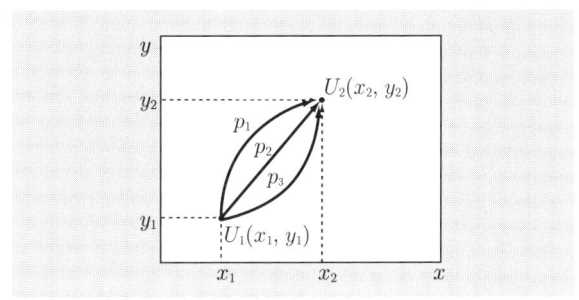

図 1.6 状態量 U が 2 つの変数 x, y の関数としたときの変化とその経路．
U_2 の値は (x_2, y_2) の値で一意的に定まり変化の経路によらない．

1.9 状態量：完全微分量と不完全微分量

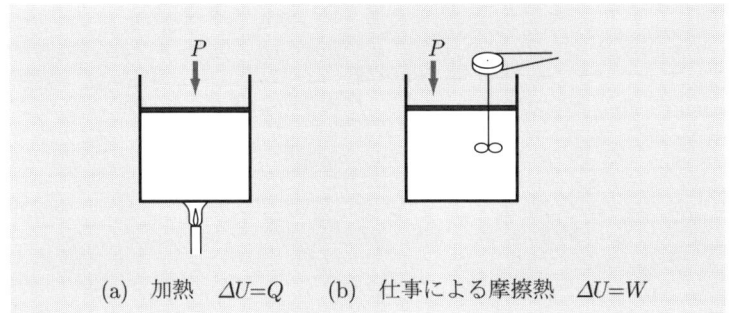

図 **1.7** 圧力 P のもとで気体の T_1 から T_2 までの変化の仕方

である．一方，図1.7(b) のように，外から系に仕事をして，摩擦熱により気体を暖める方法もある．この場合は，系に加わったのは仕事だけであるから

$$\Delta U = W \tag{1.21}$$

となる．また，一部を熱で，一部を仕事で気体を温めることもできる．この場合は，次のようになる．

$$\Delta U = Q + W \tag{1.22}$$

このように，ΔU は変化の経路によらないが，Q や W は変化の経路によっていろいろに変えられる．微小変化について (1.22) 式を微分形で書けば

$$dU = d'Q + d'W \tag{1.23}$$

となる*．dU は変化の経路によらない．これを**完全微分**（exact differential）という．一方，$d'Q$ や $d'W$ は経路によって変る量で，これを**不完全微分**（inexact differential）という．本書では，不完全微分は記号 d' で表わす．ここでは話をわかりやすくするために仕事が熱に変る不可逆変化を考えたが，準静的変化でも経路によって Q と W の値は変る．詳しくは 49 ページ参照，なお完全微分と不完全微分について付録3に詳しく解説してある．

---

* 微分 differential は微小量という意味である．dU は U の微小量を意味する．一方，導関数 derivative は，微小量の比を意味する．たとえば，dU/dT は導関数であるが，これは2つの微分 dU と dT の比である．

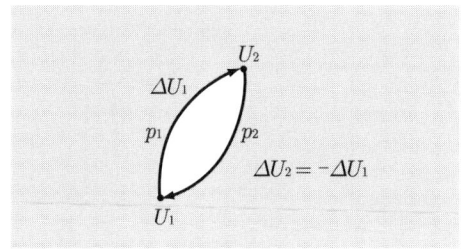

図 1.8

経路 p_1, p_2 に沿っての状態量 U の変化はいずれも $\Delta U = U_2 - U_1$ である．経路 p_2 を逆に変化させたときは $\Delta U_2 = U_1 - U_2 = -\Delta U_1$ である．したがって $1 \to 2 \to 1$ と閉じた経路に沿って変化すると $\Delta U = 0$ となる．

これまでの議論でわかるように，一般に状態量は完全微分量である．したがって，ある系を任意の変化の経路をとって元の状態へ戻すと，状態量は元の値に戻る．すなわち，状態量の1サイクルにわたる積分は零になる．これを記号 $\oint$ を用いて次のように表わす (図 1.8)．

$$\oint dU = 0 \tag{1.24}$$

本書の範囲では，Q と W 以外の物理量は状態量と考えてよい．

キブズ (Gibbs) の相律の項 (6.2 節) で証明するように，一定量の純物質から成る系の自由度は2である．すなわち，2つの状態量を定めれば系の状態は定まる．したがって，系の内部エネルギー U も2つの変数の関数である．いま，U が2つの変数 x, y の関数であるとすると，U の微分は

$$dU = \left(\frac{\partial U}{\partial x}\right)_y dx + \left(\frac{\partial U}{\partial y}\right)_x dy \tag{1.25}$$

と書ける．これを U の**全微分**という．

U が完全微分であるとすると，一般に

$$\left[\frac{\partial}{\partial y}\left(\frac{\partial U}{\partial x}\right)_y\right]_x = \left[\frac{\partial}{\partial x}\left(\frac{\partial U}{\partial y}\right)_x\right]_y \tag{1.26}$$

の関係が成り立つ．(1.24) 式と (1.26) 式が U が状態量であるための数学的条件である［付録 3(30) 式参照］．

演 習 問 題

1. 3 mol のヘリウムを 27°C で準静的に 1.01×10^5 Pa (1 atm) から 5 atm まで圧縮した．
   a) 気体になされる仕事．
   b) 気体から外部へ放出される熱．
   c) 気体の内部エネルギーの変化．
   を求めよ．ヘリウムは理想気体とみなしてよい*．

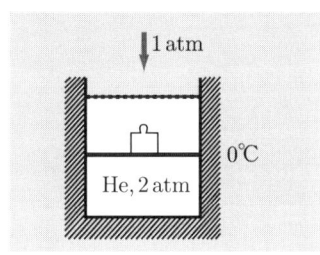

2. シリンダーのピストンに 1 個の重りを乗せて 0°C で 2.02×10^5 Pa (2 atm) に圧縮されたヘリウム 2 mol がある．重りを急に取り除いて大気圧 (1.01×10^5 Pa; 1 atm) 下でヘリウムを膨張させたあと，気体が 0°C に戻る際に気体が外部から吸収する熱量を求めよ．また，その値を，0°C で準静的に大気圧 (1.01×10^5 Pa) まで膨張させる際に気体が吸収する熱量を比較せよ．

3. 前問と逆に，0°C で 1.01×10^5 Pa で 2 mol のヘリウムが入ったシリンダーのピストンに，前問で取り除いた重りを急に乗せた．最終的に気体が 0°C に戻るまでに気体から外部に放出される熱量を求めよ．

4. 2 の図に示された状態（0°C, 2.02×10^5 Pa）から出発して重りを急に取り除き，再び重りを急に乗せることによって 2 mol のヘリウムを最初の状態へ戻したとき，外界においてどれだけの熱の増減があるか．

5. 上記のサイクルで外界に供給された熱エネルギーは，1.01×10^5 Pa 相当の重りで圧縮する際に重りが失う位置エネルギーに等しいことを示せ．

---

* SI 単位系での圧力の単位はパスカル（記号 Pa）で，地表での標準大気圧 1 atm は 1.01×10^5 Pa である．本書では，簡便のために大気圧 atm を用いることもある．なお，SI 単位系については付録 1 を参照のこと．

2 第1法則の応用：エンタルピー，熱容量，反応熱

2.1 定積変化と定圧変化：エンタルピー

以下，摩擦などで仕事が熱に変ることのない変化，すなわち準静的な変化を考える．その場合，系の変化の条件を一定にすれば $d'Q$ は一義的に定まる．

変化の条件として最も一般的なのが，定積変化と定圧変化である．

定積変化，すなわち体積を一定に保つ変化では

$$dV = 0, \quad dW = -PdV = 0 \tag{2.1}$$

である．ここで dW は一義的に定まっている（PdV に等しい）ので，$d'W$ とは書かないでおく．この場合は，状態 $1 \to 2$ の変化について

$$W = \int_1^2 dW = -\int_1^2 PdV = 0 \tag{2.2}$$

であるから，(1.5) 式は

$$Q_V = \Delta U \tag{2.3}$$

となる．Q_V の添字 V は定積変化を意味している．

定圧変化では

$$W = -\int_1^2 PdV = -P\int_1^2 dV = -P(V_2 - V_1) = -P\Delta V \tag{2.4}$$

となるから，(1.5) 式より

$$Q_P = \Delta U + P\Delta V = \Delta(U + PV) \quad (P = 一定) \tag{2.5}$$

を得る．Q_P の添字 P は定圧変化を意味している．そこで

$$H \equiv U + PV \tag{2.6}$$

で記号 H を導入すると，(2.5) 式は

$$Q_P = \Delta H = \Delta U + P\Delta V \tag{2.7}$$

となる．H は状態量 U, P, V の関数であるから，状態量である．H のことを**エンタルピー**[*]という．

普通の実験は圧力一定（大気圧下）で行われることが多いので，エンタルピーは内部エネルギーよりも実際上重要な量である．$\Delta V > 0$ のとき $P\Delta V > 0$ であるから，$\Delta H > \Delta U$ すなわち $Q_P > Q_V$ となる．これは，たとえば気体の温度を T_1 から T_2 まで上昇させるのに要する熱量は，$P\Delta V$ の分だけ定圧の方が多くなることを意味している．$P\Delta V$ は，熱膨張により気体が外界に対してする仕事に相当している．気体が外界に対して仕事をする際，その分だけ余分の熱を吸収するわけである（図 2.1）．

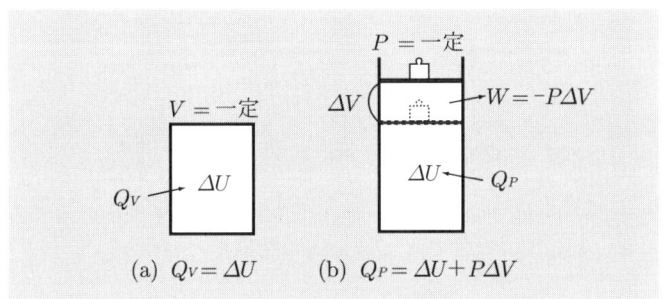

図 **2.1** 定積変化と定圧変化
定圧変化では，体積変化のための仕事 $P\Delta V$ だけ余分の熱を吸収する．

2.2 定積熱容量と定圧熱容量

前節のように，準熱的な変化で一定量の物質を温め温度を上昇させる際に要する熱量は，定積・定圧などの条件を確定すれば一義的に定まる．実際上重要な条件は定積の条件と定圧の条件である．

定積および定圧の条件に応じて，**定積熱容量**（heat capacity at constant volume）および**定圧熱容量**（heat capacity at constant pressure）を次のよう

---

[*] enthalpy, ギリシャ語で "暖める" を意味する enthalpein による．

22   2 第1法則の応用：エンタルピー，熱容量，反応熱

に定義する．

$$C_V = \lim_{\Delta T \to 0} \frac{Q_V}{\Delta T} \qquad 定積熱容量 \qquad (2.8)$$

$$C_P = \lim_{\Delta T \to 0} \frac{Q_P}{\Delta T} \qquad 定圧熱容量 \qquad (2.9)$$

(2.3) 式より，$Q_V = \Delta U$ であるから，(2.8) 式は

$$C_V = \lim_{\Delta T \to 0} \left(\frac{\Delta U}{\Delta T}\right)_{V=一定}$$

とも書ける．偏導関数の記法を用いて，上式は

$$C_V = \left(\frac{\partial U}{\partial T}\right)_V \qquad (2.10)$$

と表わされる．同様にして，(2.9) 式は，(2.7) 式を用いて

$$C_P = \left(\frac{\partial H}{\partial T}\right)_P \qquad (2.11)$$

と表わされる．

　熱容量は示量性の量で，物質の量に比例する．物質の量としては1gまたは1molをとる．1molの物質の熱容量を**モル熱容量**という．

2.3　理想気体のモル熱容量

前節で述べたように，$Q_P > Q_V$ だから，C_P は C_V よりも大きい．ここで，理想気体の定圧モル熱容量と定積モル熱容量の差を計算してみよう．

(2.10)，(2.11) 式を用いると，$H = U + PV$ であるから

$$C_P - C_V = \left(\frac{\partial H}{\partial T}\right)_P - \left(\frac{\partial U}{\partial T}\right)_V = \left(\frac{\partial U}{\partial T}\right)_P + P\left(\frac{\partial V}{\partial T}\right)_P - \left(\frac{\partial U}{\partial T}\right)_V \qquad (2.12)$$

となる*．独立関数として V, T をとると，U の全微分は

---

*　( )$_P$ は P を定数とみなすことを意味しているから，$\left(\frac{\partial (PV)}{\partial T}\right)_P = P\left(\frac{\partial V}{\partial T}\right)_P$

2.4 エネルギー等分配則と理想気体のモル熱容量　　23

$$dU = \left(\frac{\partial U}{\partial V}\right)_T dV + \left(\frac{\partial U}{\partial T}\right)_V dT \tag{2.13}$$

となる*．$P = \text{const.}$ の条件のもとで両辺を dT で割ると

$$\left(\frac{\partial U}{\partial T}\right)_P = \left(\frac{\partial U}{\partial V}\right)_T \left(\frac{\partial V}{\partial T}\right)_P + \left(\frac{\partial U}{\partial T}\right)_V \tag{2.14}$$

を得る．これを (2.12) 式に代入すると

$$C_P - C_V = \left[\left(\frac{\partial U}{\partial V}\right)_T + P\right]\left(\frac{\partial V}{\partial T}\right)_P \tag{2.15}$$

となる．理想気体については (1.18) の関係が成り立つので

$$C_P - C_V = P\left(\frac{\partial V}{\partial T}\right)_P \tag{2.16}$$

となる．1 mol の理想気体については

$$PV = RT \tag{2.17}$$

の関係があるので，次のようになる**．

$$C_P - C_V = R \tag{2.18}$$

この関係は Mayer が熱力学第 1 法則を発見した際，(体積膨脹の) 仕事と熱が等価であるとしたことの根拠の 1 つとなったもので，**マイヤーの関係式**とよばれている．

2.4　エネルギー等分配則と理想気体のモル熱容量

Boltzmann（ボルツマン）は，温度 T において，1 mol の粒子について運動の自由度当り，平均として

$$U = \frac{1}{2}RT \tag{2.19}$$

---

* 全微分については付録 3, (7) 式を参照のこと．

** $\left(\dfrac{\partial V}{\partial T}\right)_P = \left(\dfrac{\partial}{\partial T}\left(\dfrac{RT}{P}\right)\right)_P = \dfrac{R}{P}\left(\dfrac{\partial T}{\partial T}\right)_P = \dfrac{R}{P}$

のエネルギーが分配されることを明らかにした.これを**エネルギー等分配則**(equipartition of energy) という.このことは,量子効果が無視できる場合には正しいことが証明されている.一般に,極めて低い温度でない限り,分子の並進と回転については等分配則が成り立ち,モル当り $RT/2$ のエネルギーが分配される[*].

> (i) **単原子分子** ヘリウム,ネオン等の単原子分子の並進運動は,3 次元空間の x,y,z 軸の方向にそれぞれ独立に行われるので,運動の自由度は 3 である.
> (ii) **2 原子分子** 2 原子分子では並進の自由度の他に,回転の自由度が加わる.回転運動は,対称軸のまわりの回転以外は可能なので,自由度は 2 である (図 2.2).
> (iii) 3 原子以上の**多原子分子** 多原子分子でも CO_2 のような直線分子では,回転の自由度は 2 原子分子と同じく 2 である.他方,水,アンモニア,メタンなどのように非直線形の分子では回転の自由度は 3 である (図 2.3).

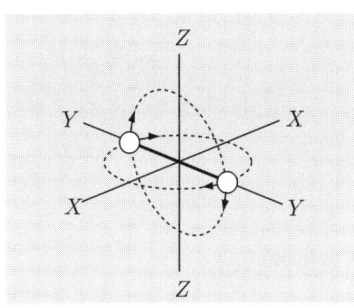

図 **2.2** 2 原子分子の回転
分子軸上での回転はなく,分子軸に直角な軸 (x 軸と z 軸) のまわりの回転のみがある.

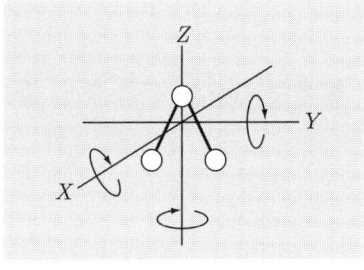

図 **2.3** 非直線状の水分子の回転
互いに直交した 3 つの軸のまわりの回転に分けられる.任意の回転はここに示した 3 つの軸のまわりの回転の合成とみなすことができる.

---

[*] 室温付近では分子中の原子の振動運動にも一部エネルギーが分配されるが,その効果はあまり大きくないので当面は無視して考える.

2.4 エネルギー等分配則と理想気体のモル熱容量

以上のことから，単原子分子，直線分子，および非直線分子の運動の自由度は表 2.1 のようになる．

表 2.1 分子の運動の自由度

分子	並進	回転	計
単原子	3	0	3
直線	3	2	5
非直線	3	3	6

一般に，分子の運動の自由度を ν とすると，1 mol 当りの気体分子の内部エネルギーは，次のようになる．

$$U = \frac{\nu}{2}RT + U_0 \tag{2.20}$$

ここで，U_0 は分子に固有の内部エネルギーで，温度に依存しない定数である．

したがって，気体の定積および定圧モル熱容量は，$\partial U_0/\partial T = 0$ であるから

$$C_V = \left(\frac{\partial U}{\partial T}\right)_V = \frac{\nu}{2}R, \quad C_P = C_V + R = \frac{\nu+2}{2}R \tag{2.21}$$

となる．表 2.2 に，いろいろな分子の C_V および C_P の実測値が示してある．

表 2.2 気体のモル熱容量の実測値と計算値（ ）（単位：J K^{-1} mol^{-1}）

	物質		温度/°C	C_V	C_P	$\gamma = C_P/C_V$
単原子	ヘリウム	He	25	12.47 (12.47)	20.79 (20.79)	1.667
	ネオン	Ne	25	12.47	20.79	1.667
	アルゴン	Ar	25	12.47	20.79	1.667
直線	水素	H$_2$	0	20.29 (20.79)	28.61 (29.10)	1.410
	窒素	N$_2$	16	20.62	28.97	1.405
	塩素	Cl$_2$	15	25.08	34.10	1.360
非直線	水	H$_2$O	400	24.93 (24.94)	33.40 (33.26)	1.340
	アンモニア	NH$_3$	100	29.82	38.29	1.284
	メタン	CH$_4$	15	27.06	35.45	1.310

（1 atm での測定値）

表 2.2 でわかるように，単原子分子の熱容量の実測値は，(2.21) 式による計算値とよく合致している．2 原子分子では，H$_2$ や N$_2$ の実測値は計算値と比較的よく合致しているが，Cl$_2$ 分子では一致はよくない．また，非直線分子でも H$_2$O はよく合致しているが，NH$_3$ などでは一致はさほどよくない．

Cl_2 で一致がよくないのは，常温でも原子の振動が無視できないためである．Cl_2 分子では，15°C (288K) では，Cl－Cl 原子間の伸縮の振動があり，そのために運動の自由度が増えている．これは，Cl 原子の質量が大きく，かつ Cl－Cl 間の結合エネルギーが比較的弱いために，Cl－Cl 間の伸縮振動の振動数が小さいからである*．Planck（プランク）のエネルギー量子説によると，振動数を ν，プランク定数を h とすると，$h\nu \lesssim kT$ となると振動が励起され，エネルギーが分配されるようになる．また，理想気体の近似をしているための誤差も影響している．

2.5 理想気体の断熱体積変化

系と外界とのあいだで熱の出入りがない変化を**断熱変化**（adiabatic change）あるいは**断熱過程**という．この過程では，$d'Q = 0$ であるから，(1.23) 式は

$$d'W = dU \tag{2.22}$$

となる．すなわち，断熱系の内部エネルギー変化は外界との仕事の交換のみできまる．U は状態量で，ΔU は変化の過程によらない．この場合，"断熱" という制約をつけて変化の経路を一意的に定めてしまうので，準静的変化については W の変化量も一意的に定まることになる．

理想気体では内部エネルギーは温度のみの関数で体積に無関係であるから，(2.10) 式より

$$dU = C_V dT \quad \text{あるいは} \quad \frac{dU}{dT} = C_V \tag{2.23}$$

と書ける**．一方，$d'W = -PdV$ であるから，理想気体については

$$PV = nRT$$

より

$$d'W = -PdV = -\frac{nRT}{V}dV \tag{2.24}$$

---

* バネの振動数 ν は $\nu = (1/2\pi)\sqrt{k/m}$ となる．ここで k はバネ定数，m はバネに結合している重りの質量である．Cl_2 分子では k が小さく m が大きいので ν は小さくなる．

** U は T だけの1変数関数であるから，偏導関数の記号を用いなくてもよい．

2.5 理想気体の断熱体積変化

の関係があるので，(2.22) 式と (2.23) 式より

$$C_V dT = -\frac{nRT}{V} dV, \quad C_V \frac{dT}{T} = -nR \frac{dV}{V} \quad (2.25)$$

となる．T_1 と T_2 のあいだ，(相当する V_1 と V_2 のあいだ) で (2.25) 式の両辺を積分すると，C_V は一定であるから

$$C_V \ln \frac{T_2}{T_1} = -nR \ln \frac{V_2}{V_1} = nR \ln \frac{V_1}{V_2} \quad (2.26)$$

となる．(2.18) 式より，n mol の気体については $C_P - C_V = nR$ であるから

$$C_P/C_V = \gamma \quad (2.27)$$

とおくと $nR/C_V = (C_P - C_V)/C_V = \gamma - 1$ であるから

$$\frac{T_2}{T_1} = \left(\frac{V_1}{V_2}\right)^{\gamma-1} \quad (2.28)$$

となる．$V_2 > V_1$ のとき $T_2 < T_1$ であることから，理想気体の断熱膨張では温度が低下することがわかる．V_1, V_2 に相当する圧力を P_1, P_2 とすると

$$T_2/T_1 = P_2 V_2/P_1 V_1$$

であるから*(2.28) 式は

$$P_1 V_1^\gamma = P_2 V_2^\gamma \quad (2.29)$$

とも書ける．すなわち

$$PV^\gamma = \text{const.} \quad (2.30)$$

となる．これを**ポアッソン（Poisson）の式**という．図 2.4 に，理想気体の等温膨張と断熱膨張の PV 曲線が比較してある．断熱線は γ に依存する．$\gamma > 1$ なので，P-V 曲線の傾きは，断熱線の方が大きい．このことは，断熱膨張では気体の温度が低下するために，同じ圧力まで膨張させたときに，低温の気体の方が体積が小さいことからも理解できる．

---

* $P_1 V_1 = nRT_1, P_2 V_2 = nRT_2$ で両辺の比をとる．

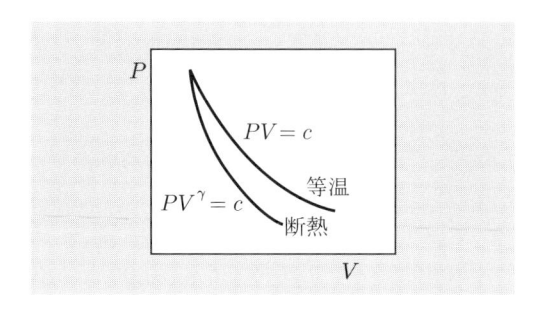

図 2.4　理想気体の等温膨張と断熱膨張 (c は定数)

例題 2.1　2 mol の水素を 27°C で 1 atm から 5 atm まで断熱可逆的に圧縮した．水素を理想気体とみなして，(a) 系になされる仕事，(b) 系の内部エネルギー変化，(c) 圧縮後の水素の温度，を求めよ．

解　27°C, 1 atm で 2 mol の水素の体積は $2 \times 22.4 \times (300/273) = 49.2\,\mathrm{dm}^3$. 水素分子では $\nu = 5$ であるから比熱比 $\gamma = 7/5 = 1.40$. したがって，ポアッソンの式より 5 atm における体積 V_2 は

$$1 \times 49.2^{1.40} = 5 \times V_2^{1.40}, \quad V_2 = (49.2/5)^{1/1.40} = 15.6\,\mathrm{dm}^3$$

(a) 系になされる仕事は，ポアッソンの式を用いて

$$W_\gamma = -\int_{V_1}^{V_2} P dV = -P_1 V_1^\gamma \int_{V_1}^{V_2} \frac{dV}{V^\gamma} = -\frac{P_1 V_1^\gamma}{1-\gamma}(V_2^{1-\gamma} - V_1^{1-\gamma})$$

$$= \frac{1}{1-\gamma}(P_1 V_1 - P_1 V_1^\gamma V_2/V_2^\gamma) = \frac{1}{1-\gamma}(P_1 V_1 - P_2 V_2)$$

$$W_\gamma = (49.2 - 5 \times 15.6)/(1 - 1.40) = 72.0\,(\mathrm{dm}^3 \cdot \mathrm{atm})$$

$$= 72.0\,(\mathrm{dm}^3 \cdot \mathrm{atm}) \times \frac{8.314\,(\mathrm{J} \cdot \mathrm{K}^{-1})}{0.08205(\mathrm{dm}^3 \cdot \mathrm{atm} \cdot \mathrm{K}^{-1})} = 7.30 \times 10^3\,\mathrm{J}^*$$

(b) 断熱変化であるから $\Delta U = W$ より $\Delta U = 7.30 \times 10^3\,\mathrm{J}$.

(c) (2.28) 式より，5 atm における温度を T_2 とすると

---

　*　SI 単位系では atm $= 1.01325 \times 10^5 \mathrm{m}^{-1} \cdot \mathrm{kg} \cdot \mathrm{s}^{-2} = 1.01325 \times 10^5 \mathrm{Pa}$, $\mathrm{dm}^3 = 10^{-3}\mathrm{m}^3$ であるから $\mathrm{dm}^3 \cdot \mathrm{atm} = 1.01325 \times 10^2 \mathrm{m}^2 \cdot \mathrm{kg} \cdot \mathrm{s}^{-2} = 1.01325 \times 10^2 \mathrm{J}$. ここでは単位の換算に $R = 0.08205\,\mathrm{dm}^3 \cdot \mathrm{atm} \cdot \mathrm{K}^{-1} = 8.314\,\mathrm{J} \cdot \mathrm{K}^{-1}$ を用いている．

$$T_2 = T_1 \left(\frac{V_1}{V_2}\right)^{\gamma-1} = 300 \times \left(\frac{49.2}{15.6}\right)^{0.4} = 475\,\text{K} \quad (202°\text{C})$$

2.6 反応熱とヘスの法則

水素と窒素を触媒の存在下で高圧，高温に保っておくと，アンモニアを生成する．これは発熱反応で，熱化学方程式は次のように書かれる．

$$3\text{H}_2(\text{g}) + \text{N}_2(\text{g}) = 2\text{NH}_3(\text{g}) + 92.38\,\text{kJ} \quad (2.31)$$

(2.31) 式の内容は，H_2，N_2，NH_3 がいずれも1気圧，298.15 K (25°C) の標準状態にあって2 mol の NH_3 を生成したときに系が放出する熱量が 92.38 kJ であることを意味している．2 mol の NH_3 を生成することによって，反応系は約 $22.4 \times \dfrac{298}{273} \times 2\,\text{dm}^3$ の体積が減少する．そのとき外界から系になされる仕事は

$$P\varDelta V = 1.013 \times 10^5 (\text{Pa}) \times 0.0224 (\text{m}^3) \times \frac{298}{273} \times 2 = 4.95\,\text{kJ}$$

である．(2.31) 式の反応熱には，その分も含まれている．したがって，定積で反応を行ったとしたならば，反応熱は 92.38 − 4.95 = 87.43 kJ となるはずである（図 2.5）．

定積・定温の条件では熱以外には外界とのエネルギーの交換はないので，定積の反応熱 87.43kJ は，2 mol の NH_3 と 3 mol の H_2 + 1 mol の N_2 との内部エネルギーの差に相当している*．したがって，定積で反応を行ったときの反応熱

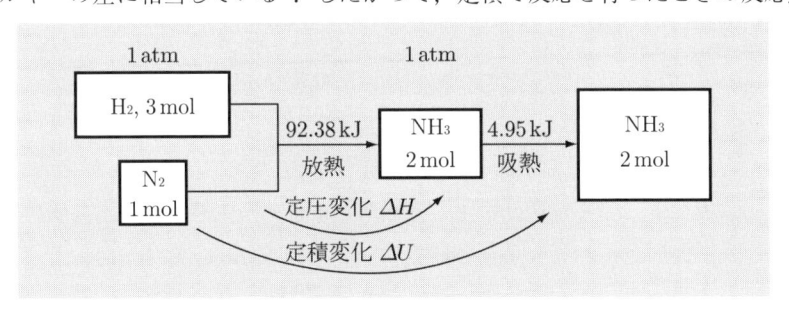

図 **2.5** 定圧変化と定積変化

---

* ($\text{H}_2 + \text{N}_2$) の系は 1 atm，25°C のとき．

は，原系（反応体）と生成系（生成体）の内部エネルギーの差になる．発熱であるから NH_3 の方が内部エネルギーは小さい．定積反応熱を Q_V とすると

$$Q_V = U(生成系) - U(原系) = \Delta U \tag{2.32}$$

である．$U(生成系) > U(原系)$ のとき $Q_V > 0$，逆のとき $Q_V < 0$ である．*

一方，定圧反応熱は，体積変化の仕事によるエネルギーも考慮したことになるので，反応熱は生成系と原系のエンタルピー差になる．即ち，次のようになる．

$$Q_P = H(生成系) - H(原系) = \Delta H \tag{2.33}$$

$Q_P < 0$，すなわち反応が発熱であるということは，反応系の温度を一定に保とうとすると，系は外部へ熱を放出することを意味する．反応熱は定圧・定温の条件で求められるので，次の関係がある．

$$Q_P = \Delta H \tag{2.34}$$

気体が関与する反応の場合，反応する気体の物質量の変化を Δn_g とすると，理想気体の近似において，$P\Delta V = \Delta n_g RT$ の関係が成り立つので

$$\Delta H = \Delta U + P\Delta V = \Delta U + \Delta n_g RT \tag{2.35}$$

の関係が成り立つ．アンモニアの生成反応の場合，(2.31)式に基づけば，$\Delta n_g = 2 - (3+1) = -2\,\mathrm{mol}$ であるから次のようになる．

$$\Delta U = \Delta H + 2RT = (-92.38 + 4.95)\,\mathrm{kJ}$$

1840年，Hess は，化学反応の反応熱は出発物質と最終生成物とだけできまり，反応の経路にはよらないことを見いだした．これを**ヘスの法則**という．Hess が測定した反応熱は定圧の条件下であるから ΔH である．エンタルピー H は物質の状態によって一意的に定まる量であるから，ヘスの法則が普遍的に成り立つことが理解できる．ヘスの法則は，ほぼ同時に Mayer と Joule によって発見されたエネルギー保存則の特別の場合と考えることができる．

---

* 熱化学方程式は方程式の両辺のエネルギーバランスを表わしているので，熱量は発熱反応で正，吸熱反応で負とするが，ここでは発熱で $Q_V < 0$，吸熱で $Q_V > 0$ である．

2.7 標準生成熱

エンタルピー H は物質の温度・圧力によって変わるから，反応のエンタルピー変化 ΔH は，原系や生成系の温度・圧力に依存する．標準状態（1 atm）での ΔH を，特に $\Delta H^{\ominus}$ と示す．25°C (298.15 K) での $\Delta H^{\ominus}$ は，$\Delta H^{\ominus}_{298}$ と記す．

直接に測定される反応熱は**燃焼熱**（heat of combustion）で，図 2.6 に示すようなボンベ熱量計を用いて測定する．表 2.3 に**標準燃焼熱**（標準状態（1 atm）に換算した値）$\Delta H^{\ominus}_c$ が示してある．水素化熱，塩素化熱，中和熱なども直接に求められる．

標準状態で単体から 1 mol の化合物を生成するときの $\Delta H^{\ominus}$ を，**標準生成熱**（standard heat of formation）または**標準生成エンタルピー**といい，記号 $\Delta H^{\ominus}_f$ で表わす．

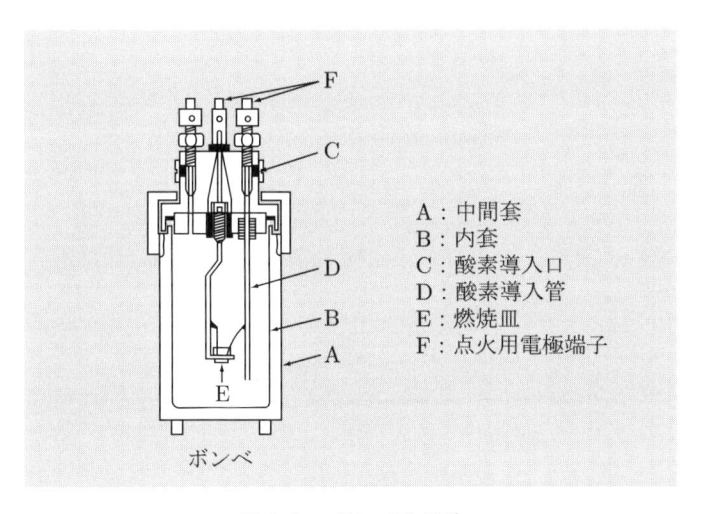

図 2.6 ボンベ熱量計

A：中間套
B：内套
C：酸素導入口
D：酸素導入管
E：燃焼皿
F：点火用電極端子

一般には，25°C の値が求められている（表 2.4）．単体としては，25°C，1 atm で安定な同素体をとる．

H_2 と O_2 とからの H_2O を生ずるときの標準生成熱は，反応を直接に行わせることによって求めることができる．そこに対し，C（黒鉛）と H_2 とから CH_4

表 2.3 標準燃焼熱 (25°C, 1 atm)

物 質	化学式	$-\Delta H_c^{\ominus}/$ kJ mol^{-1}	物 質	化学式	$-\Delta H_c^{\ominus}/$ kJ mol^{-1}
アセチレン	CH≡CH	1299.6	酢酸	CH_3COOH	874.5
アセトン	CH_3COCH_3	1790	ショ糖	$C_{12}H_{22}O_{11}$	5653.8
硫黄（斜方）	S	296.9	水素	H_2	285.83
エタノール	CH_3CH_2OH	1367	トルエン	$C_6H_5CH_3$	3909.9
エタン	CH_3CH_3	1559.9	プロパン	C_3H_8	2220.0
エチルエーテル	$C_2H_5OC_2H_5$	2729	プロピレン	$CH_3CH=CH_2$	2058.5
エチレン	$CH_2=CH_2$	1411.0	ベンゼン	C_6H_6	3267.6
ギ酸	HCOOH	254.6	メタノール	CH_3OH	726.3
黒鉛	C	393.52	メタン	CH_4	890.31
クロロホルム	$CHCl_3$	295			

表 2.4 標準生成熱 (25°C)

物 質	$\Delta H_f^{\ominus}$/kJ mol^{-1}	物 質	$\Delta H_f^{\ominus}$/kJ mol^{-1}
CCl_4	-139	エタン	-84.667
CO	-110.52	エチルエーテル	-252.2
CO_2	-393.51	エチレン	52.283
H_2O(g)	-241.83	ギ酸	-409
NH_3	-46.19	クロロホルム	-100
NH_4Cl	-315.4	酢酸	-487.0
NO	90.374	トルエン	12.00
NO_2	33.85	フェノール (C_6H_5OH)	-162.8
NaCl	-411.00	プロパン	-103.8
SO_2	-296.9	プロピレン	20.41
アセチレン	226.75	ベンゼン	82.927
アセトン	-247.6	メタン	-74.87
エタノール	-277.63		

を生ずるときの標準生成熱は，直接に求めることはできない．しかし，ヘスの法則を用いると，CH_4 の標準生成熱は，C, H_2, CH_4 の燃焼熱から次のようにして求めることができる．

$$C(黒鉛) + O_2(g) = CO_2(g)\,;\ \Delta H_{298}^{\ominus} = -393.52\,\mathrm{kJ\,mol^{-1}}* \quad (a)$$

$$H_2(g) + \frac{1}{2}O_2(g) = H_2O(\ell)\,;\ \Delta H_{298}^{\ominus} = -285.83\,\mathrm{kJ\,mol^{-1}} \quad (b)$$

---

* 熱化学方程式は $C(黒鉛) + O_2(g) = CO_2(g) + 393.52\,\mathrm{kJ}$

$$\text{CH}_4(\text{g}) + 2\text{O}_2(\text{g}) = \text{CO}_2(\text{g}) + 2\text{H}_2\text{O}(\ell);$$
$$\Delta H^{\ominus}_{298} = -890.31\,\text{kJ}\,\text{mol}^{-1} \tag{c}$$

(a) + (b) × 2 − (c) より

$$\text{C}\,(\text{黒鉛}) + 2\text{H}_2(\text{g}) = \text{CH}_4(\text{g});$$
$$\Delta H^{\ominus}_{298} = -74.87\,\text{kJ}\,\text{mol}^{-1} \tag{d}$$

標準生成熱がわかっていれば，任意の反応について反応熱 $\Delta H^{\ominus}$ を求めることができる．水の液体 → 気体などの相変化の転移熱も，$\text{H}_2\text{O}(\text{g})$ と $\text{H}_2\text{O}(\ell)$ の生成熱の差から直ちに求めることができる．

化学反応式は，一般に

$$\nu_\text{A}\text{A} + \nu_\text{B}\text{B} + \cdots \longrightarrow \nu_\text{L}\text{L} + \nu_\text{M}\text{M} + \cdots \tag{2.36}$$

と表わすことができる．ここで A, B, ⋯ は反応物質，L, M, ⋯ は生成物質であり，$\nu_\text{A}, \nu_\text{B}, \nu_\text{L}, \nu_\text{M}, \cdots$ は化学量論係数（stoichiometric coefficient）である．(2.36) 式で表わされる反応の反応熱は，それぞれの物質の標準生成熱 $\Delta H^{\ominus}_\text{f}$ を用いて

$$\Delta H^{\ominus} = \sum \nu_i (\Delta H^{\ominus}_\text{f})_i - \sum \nu_j (\Delta H^{\ominus}_\text{f})_j \tag{2.37}$$

と表わすことができる．たとえば，メタンの燃焼熱は，化学反応式

$$\text{CH}_4(\text{g}) + 2\text{O}_2(\text{g}) \longrightarrow \text{CO}_2(\text{g}) + 2\text{H}_2\text{O}(\text{g}) \tag{2.38}$$

より，表 2.4 のデータを用いて

$$\Delta H^{\ominus}_{298} = (-393.51) + 2 \times (-241.83) - (-74.85) = -802.32\,\text{kJ}$$

と求められる（O_2 の生成熱はゼロである）．

2.8 原子化熱と結合エネルギー

生成熱は，単体のエンタルピーを基準（ゼロ点）として，化合物のエンタルピーを求めるもので，単体から化合物を生成するときの反応熱である．ここで

は，単体を解離して原子を生成するときのエンタルピー変化について考える．

単体物質を原子状の物質にする反応の反応熱は，**原子化熱**（heat of atomization）Q_a とよばれている．原子化熱は解離熱や昇華熱から求められる．いくつかの単体の原子化熱が表 2.5 に示してある．

表 2.5　原子化熱 Q_a

単体物質	$Q_a/\text{kJ mol}^{-1}$
C（黒鉛）	715.0
S（斜方）	238
1/2 H$_2$ (g)	217.9
1/2 N$_2$ (g)	472.4
1/2 O$_2$ (g)	249.11
1/2 F$_2$ (g)	77.4
1/2 Cl$_2$ (g)	121.1
1/2 Br$_2$ (g)	111.8
1/2 I$_2$ (g)	106.6

原子化熱と標準生成熱とを組み合わせると，標準状態（1 atm）で原子から分子などを生成するときの反応熱が求められる．すなわち，この反応熱を $\Delta H_a^\ominus$ と書くと，次のようになる．

$$\Delta H_a^\ominus = \Delta H_f^\ominus - \sum Q_a \tag{2.39}$$

$\Delta H_a^\ominus$ を**標準原子生成熱**（standard heat of formation from atom）という．

たとえば，メタン（CH$_4$）の標準原子生成熱は，メタンの生成熱と水素，炭素の原子化熱から次のようにして求められる．

$$\text{C (黒鉛)} + 2\text{H}_2\,(g) = \text{CH}_4\,(g)\,;\,\Delta H_f^\ominus = -74.87 \text{ kJ mol}^{-1} \quad (e)$$

$$\text{C (黒鉛)} = \text{C (atom)}\,;\,Q_a = 715.0 \text{ kJ mol}^{-1} \quad (f)$$

$$\frac{1}{2}\text{H}_2\,(g) = \text{H (atom)}\,;\,Q_a = 217.9 \text{ kJ mol}^{-1} \quad (g)$$

(e) − (f) − (g) × 4 を計算すると，次のようになる．

$$\text{C (atom)} + 4\text{H (atom)} = \text{CH}_4(g)\,;\,\Delta H_a^\ominus = -1661.5 \text{ kJ mol}^{-1} \quad (h)$$

メタンの標準原子生成熱は，1 mol の C 原子と 4 mol の H 原子が結合して

2.8 原子化熱と結合エネルギー

4 mol の C－H 結合を生成する際に発生するエネルギーに相当している．したがって，メタンの C–H 結合は，平均として，1661.5/4 = 415.4 kJ mol^{-1} の結合エネルギーをもっていることになる．これを C－H 結合の**平均結合エネルギー**（mean bond energy）という．平均結合エネルギーは，分子の種類によって多少異なる．表 2.6 に代表的な平均結合エネルギーが示してある．

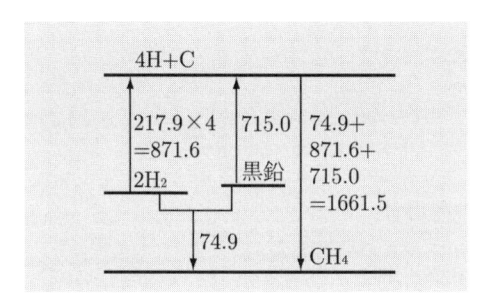

図 **2.7** メタンの標準原子生成熱

表 **2.6** 平均結合エネルギー　$E/\text{kJ mol}^{-1}$

結　合	結合エネルギー	結　合	結合エネルギー
H–H	436.0	C–H	412
F–F	157	C–F	460
Cl–Cl	242	C–Cl	330
Br–Br	193	C–Br	280
I–I	151	C–I	220
C–C	347	N–H	391
C=C	612.5	O–H	462.3
C≡C	836.0	S–H	366
O–O	150	C–O	360
O=O	404	C=O	749
N=N	380	C–N	280
N≡N	945.2	C=N	607
Li–Li	100	C≡N	891

例題 2.2　エタンの標準原子生成熱を求めよ．またこれとメタンの標準原子生成熱とから，C－C 結合の結合エネルギーを求めよ．

解　エタンの標準生成熱は -84.7 kJ mol^{-1} である．

$$2\mathrm{C}\,(黒鉛) + 3\mathrm{H}_2(\mathrm{g}) = \mathrm{C}_2\mathrm{H}_6(\mathrm{g})\,;\ \Delta H_\mathrm{f}^\ominus = -84.7\ \mathrm{kJ\ mol^{-1}} \qquad (\mathrm{i})$$

したがって，エタンの標準原子生成熱は，(i) − (f) × 2 − (g) × 6 を計算すると

$$2\mathrm{C}\,(\mathrm{atom}) + 6\mathrm{H}\,(\mathrm{atom}) = \mathrm{C}_2\mathrm{H}_6(\mathrm{g})\,;\ \Delta H_\mathrm{a}^\ominus = -2822.1\ \mathrm{kJ\ mol^{-1}}$$

エタンの C–H 結合のエネルギーはメタンのそれに等しいと仮定すると，エタンには 6 個の C–H 結合があるから，エタンの C–C 結合のエネルギーは

$$E\,(\mathrm{C-C}) = 2822.1 - 6 \times 415.4 = 329.7\ \mathrm{kJ\ mol^{-1}}$$

2.9 反応熱の温度変化

　反応熱の温度変化は，物質の定圧熱容量から求められる．すなわち，(2.11) 式より，物質の温度を $T_1 \to T_2$ と変えることによる H の変化は

$$\Delta H = \int_{T_1}^{T_2} C_P dT \qquad (2.40)$$

となる．たとえば，メタンの燃焼熱の場合には，温度 T_2 における生成系と原系のエンタルピーの 298 K における値との差は

$$\Delta H_\mathrm{pro} = \int_{298}^{T_2} [C_P(\mathrm{CO}_2) + 2C_P(\mathrm{H_2O})]dT \quad （生成体） \qquad (2.41)$$

$$\Delta H_\mathrm{reac} = \int_{298}^{T_2} [C_P(\mathrm{CH}_4) + 2C_P(\mathrm{O}_2)]dT \quad （反応体） \qquad (2.42)$$

となる．一般に，生成系と原系の熱容量の差を

$$\Delta C_P \equiv \nu_\mathrm{L}(C_P)_\mathrm{L} + \nu_\mathrm{M}(C_P)_\mathrm{M} + \cdots - [\nu_\mathrm{A}(C_P)_\mathrm{A} + \nu_\mathrm{B}(C_P)_\mathrm{B} + \cdots] \qquad (2.43)$$

と表わせば，温度 T_2 における反応熱は，(2.37) 式と (2.40) 式とから

$$\Delta H_{T_2}^\ominus = \Delta H_{T_1}^\ominus + \int_{T_1}^{T_2} \Delta C_P dT \qquad (2.44)$$

となる．$\Delta H_{T_1}^\ominus$ は積分定数で，298 K における $\Delta H_{298}^\ominus$ から求めることができる

2.9 反応熱の温度変化

表 2.7 定圧モル熱容量 (1 atm)

	$C_P/\mathrm{J\,K^{-1}\,mol^{-1}}$
He, Ne, Ar	20.8
H_2	$27.3 + 3.26 \times 10^{-3}(T/\mathrm{K}) + 0.50 \times 10^5 (T/\mathrm{K})^{-2}$
O_2	$30.0 + 4.18 \times 10^{-3}(T/\mathrm{K}) - 1.67 \times 10^5 (T/\mathrm{K})^{-2}$
N_2	$28.6 + 3.76 \times 10^{-3}(T/\mathrm{K}) - 0.50 \times 10^5 (T/\mathrm{K})^{-2}$
F_2	$34.6 + 2.51 \times 10^{-3}(T/\mathrm{K}) - 3.51 \times 10^5 (T/\mathrm{K})^{-2}$
Cl_2	$37.0 + 0.67 \times 10^{-3}(T/\mathrm{K}) - 2.85 \times 10^5 (T/\mathrm{K})^{-2}$
Br_2	$37.3 + 0.50 \times 10^{-3}(T/\mathrm{K}) - 1.26 \times 10^5 (T/\mathrm{K})^{-2}$
I_2	$37.4 + 0.59 \times 10^{-3}(T/\mathrm{K}) - 0.71 \times 10^5 (T/\mathrm{K})^{-2}$
CO	$28.4 + 4.10 \times 10^{-3}(T/\mathrm{K}) - 0.46 \times 10^5 (T/\mathrm{K})^{-2}$
CO_2	$44.2 + 8.79 \times 10^{-3}(T/\mathrm{K}) - 8.62 \times 10^5 (T/\mathrm{K})^{-2}$
H_2O	$30.5 + 10.3 \times 10^{-3}(T/\mathrm{K})$
H_2S	$32.7 + 12.4 \times 10^{-3}(T/\mathrm{K}) - 1.92 \times 10^5 (T/\mathrm{K})^{-2}$
NH_3	$29.7 + 25.1 \times 10^{-3}(T/\mathrm{K}) - 1.55 \times 10^5 (T/\mathrm{K})^{-2}$
CH_4	$23.6 + 47.9 \times 10^{-3}(T/\mathrm{K}) - 1.92 \times 10^5 (T/\mathrm{K})^{-2}$
C (黒鉛)	$16.9 + 4.77 \times 10^{-3}(T/\mathrm{K}) - 8.54 \times 10^5 (T/\mathrm{K})^{-2}$

(例題 2.3 参照).

C_P は狭い温度範囲では一定とみなせるが,一般には温度の関数である.かなりの広い温度範囲にわたって

$$C_P = \mathrm{a} + \mathrm{b}T + \mathrm{c}T^{-2} \tag{2.45}$$

と近似される.ここで a, b, c は物質に固有の定数である.表 2.7 に,いろいろな物質の 25°C における C_P の値(定数 a)と,定数 b, c の値とが示してある.

例題 2.3 $NH_3(g)$ の標準生成熱は 25°C で -46.19 kJ mol^{-1} である.表 2.7 を用い $NH_3(g)$ の標準生成熱を温度の関数として表わせ.また 450°C における標準生成熱を計算せよ.

解 $\frac{1}{2}N_2(g) + \frac{3}{2}H_2(g) = NH_3(g)$; $\Delta H^{\ominus}_{298} = -46.19$ kJ mol^{-1}

表 2.7 の $N_2(g)$, $H_2(g)$ および $NH_3(g)$ に対する a, b, c の値を用いると

$$\Delta C_P = C_P(NH_3) - \left[\frac{1}{2}C_P(N_2) + \frac{3}{2}C_P(H_2)\right]$$

$$= \left(-25.55 + 18.33 \times 10^{-3}\frac{T}{\mathrm{K}} - 2.05 \times 10^5 \frac{T^{-2}}{\mathrm{K}^{-2}}\right) \mathrm{J\,K^{-1}\,mol^{-1}}$$

これを (2.44) 式に代入して積分すると

$$\Delta H_{723}^{\ominus} = \Delta H_{298}^{\ominus} + \int_{298}^{723} \Delta C_P dT$$
$$= -46.19 \times 10^3 + \left(-25.55T + \frac{18.33 \times 10^{-3}}{2}T^2 - 2.05 \times 10^5 T^{-1} \right) \Big|_{298}^{723}$$
$$= -46.19 \times 10^3 - 7.28 \times 10^3 = -53.47 \times 10^3 \text{J} \qquad \text{となる．}$$

2.10 ジュール・トムソン効果

Joule は Thomson の協力を得て，多孔質性の融膜*を通して断熱的に気体を高圧部 P_1 から低圧部 P_2 に移すときの温度変化を測定した（1854 年）．その結果，気体の種類の違いによって，温度の上昇や降下が観測された．これをジュール・トムソン効果という．

この場合，系は断熱壁で囲まれているので，$Q = 0$ である．したがって，(P_1, V_1) の気体が多孔質壁を通って (P_2, V_2) となったとすると，第 1 法則より

$$\Delta U = W = \Delta(-PV) \tag{2.46}$$
$$U_2 - U_1 = -(P_2 V_2 - P_1 V_1) \tag{2.47}$$

となる．したがって

$$U_1 + P_1 V_1 = U_2 + P_2 V_2 \tag{2.48}$$

となる．すなわち系のエンタルピー $H = U + PV$ は一定に保たれる．このときの気体の温度変化を ΔT とすると

$$\lim_{\Delta P \to 0} \left(\frac{\Delta T}{\Delta P} \right)_H = \left(\frac{\partial T}{\partial P} \right)_H \tag{2.49}$$

をジュール・トムソン係数といい，記号 μ で表わす．H を T, P の関数として，その全微分は次のようになる．

$$dH = \left(\frac{\partial H}{\partial T} \right)_P dT + \left(\frac{\partial H}{\partial P} \right)_T dP \tag{2.50}$$

---

* Joule と Thomson は融膜として絹のハンカチを用いた．

定エンタルピー変化 $dH = 0$ であるからジュール・トムソン係数として次の式を得る.

$$\mu = \left(\frac{\partial T}{\partial P}\right)_H = -\left(\frac{\partial H}{\partial P}\right)_T \Big/ \left(\frac{\partial H}{\partial T}\right)_P = -\frac{1}{C_P}\left(\frac{\partial H}{\partial P}\right)_T \quad (2.51)$$

演 習 問 題

1. 2 mol のヘリウムを (a) 大気圧下,および (b) 10 気圧下で 25°C から 35°C まで温度を上昇させる際に気体が吸収する熱量を求めよ.ヘリウムは理想気体とみなしてよい.

2. 上問と同じ変化を体積一定の条件下で行うとどうなるか.また,1 atm 下と 10 atm 下で吸収される熱量が同じである理由を説明せよ.

3. 100°C,1 atm のもとで 1 mol の水が蒸発するときに水が外界に対してなす仕事を求めよ.ただし水の密度は $1.0\,\mathrm{g\,cm^{-3}}$ とする.

4. 水の定圧蒸発熱は $40.67\,\mathrm{kJ\,mol^{-1}}$ である.定積蒸発熱はいくらか.

5. 1.00 g の水素を 298 K から 318 K まで封管中で加熱すると 201.7 J の熱を吸収する.この温度範囲における水素の定積モル熱容量および定圧モル熱容量はいくらか.両者の比 γ を求め,この温度における H_2 分子の回転と振動の状態を推論せよ.

6. 1 mol の理想気体を用いて次のサイクルを行わせる.初め (P_1, V_1) の状態 1 にあった理想気体を真空へ断熱的に自由膨張させ状態 $2(P_2, V_2)$ とする.次に定圧で準静的に圧縮し状態 $3(P_2, V_1)$ とし,最後に定積で準静的に加熱し状態 1 にもどす(下図).このサイクルを利用してマイヤーの式を説明せよ.

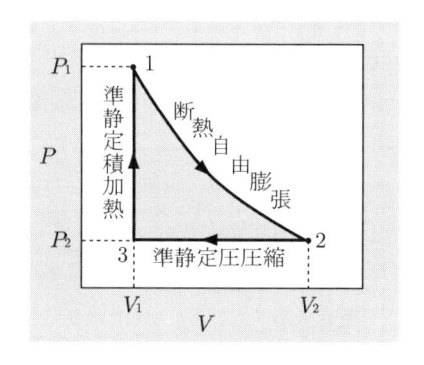

7. 標準燃焼熱のデータ(表 2.3)からエチレンの標準生成熱を求めよ.

8. 100°C,1 atm における水の蒸発熱は $40.668\,\mathrm{kJ\,mol^{-1}}$ である.27°C,1 atm における蒸発熱を計算せよ.ただし定圧モル熱容量は次式で与えられる.

$$C_P(\text{水}) = 75.48\,\mathrm{J\,K^{-1}\,mol^{-1}}$$

$$C_P(\text{水蒸気}) = [30.54 + 10.29 \times 10^{-3}(T/\mathrm{K})]\,\mathrm{J\,K^{-1}\,mol^{-1}}$$

3 熱力学第2法則

3.1 可逆変化と不可逆変化

　熱力学第1法則は,"エネルギー"とよばれる物理量が定義され,その総量は自然界のいかなる変化の際にも一定不変に保たれることを明らかにしたものである.

　他方,自然に起るほとんどの現象は,いったん進行すると放置しておく限り元へは戻らない.たとえば,熱い水は,放置しておくと次第と冷え,室温にまで戻るが,その逆は起らない.また,鉄は次第と錆びて酸化鉄に変るが,酸化鉄を放置しておいても鉄にはならない.

　このように,条件を一定に保っておいたとき,自発的に進行する変化を,**不可逆変化**(irreversible change)といい,その変化の過程を**不可逆過程**(irreversible process)という.不可逆変化は,いったん進行すると,その条件下では自発的に元に戻ることはない.すなわち,自然界では,時間は一方向に流れており,その向きを反転することはできないように見える.

　熱力学第2法則は,自然界のこのような変化の方向を支配する因子を明らかにし,それを法則として表わしたものである.その点で,保存量に関する命題である第1法則とは対照的である.第2法則の核心をなしている物理量は,**エントロピー**(entropy)である.entropyはギリシャ語で"変化"を意味する$\varepsilon\nu\tau\rho o\pi\eta$から,Clausius(クラウジウス)によって命名された(1865年).

3.2 気体の膨張と不可逆変化

　不可逆変化の1つとして,気体の膨張がある.この節では,理想気体を作業物質として,変化の不可逆の度合について考えることにする.

3.2 気体の膨張と不可逆変化

いま，図 3.1(a) のように，n mol の理想気体がピストン上の質量 m_1 の錘りで体積 V_1 の容器内に閉じ込められている系を考える．気体の圧力を P_1，温度を T とする．容器は熱の良導体で，温度 T の定温槽 (熱浴) に入れてあり，気体の温度は T で一定に保たれるようになっている．ピストンの質量は無視でき，運動の際には摩擦抵抗はないものとする．

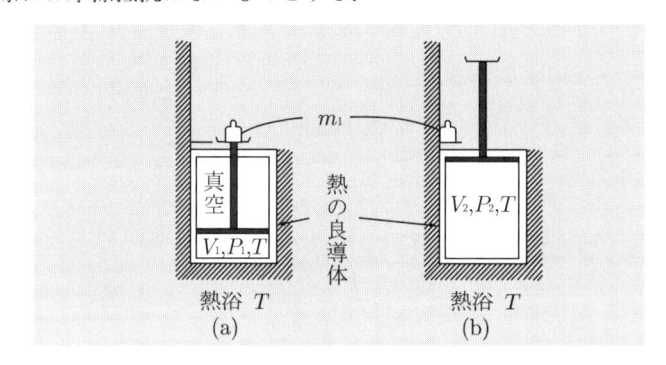

図 3.1 理想気体の自由膨張

図 3.1 のように，ピストンの上部は真空となっているので，質量 m_1 の錘りを取り去ると，気体は自由膨張して，ピストンは容器の最上部に押し上げられる．理想気体の自由膨張であるから，気体の温度は変らない．したがって外界 (熱浴) との熱の交換は起らない．すなわち，$Q = 0$ である．

この際気体は何も持ち上げない．すなわち気体は仕事をしていない．したがって，$W = 0$ であり，第 1 法則 (1.5) 式より次のようになる．

$$\Delta U = Q + W = 0 \tag{3.1}$$

この変化は不可逆変化である．というのは，気体を元の状態に戻すためには，外部から仕事をして，ピストンを押し下げねばならないからである．この過程で気体は仕事をされるから，$W > 0$ でなければならない．気体の温度を一定に保つためには，系は熱を外界に放出しなければならない．

結局，自由膨張 → 圧縮，のサイクルで気体を元の状態へ戻したときには，外界は仕事を熱に変えている．それは，高所にあった錘りをストンと下に落し，錘りがもっていたポテンシャルエネルギーを無為に熱に変えたことに相当してい

る．後程詳しく述べるように，仕事は全部熱に変えられるが，熱を全部仕事に変えることはできない．すなわち

$$W(仕事) \longrightarrow Q(熱)$$

の変化は不可逆である．気体の自由膨張が不可逆変化であるのはそのためで，もし，$W \leftrightarrows Q$，すなわち，仕事と熱の変化が可逆的であれば，気体の自由膨張は可逆変化であることになる．

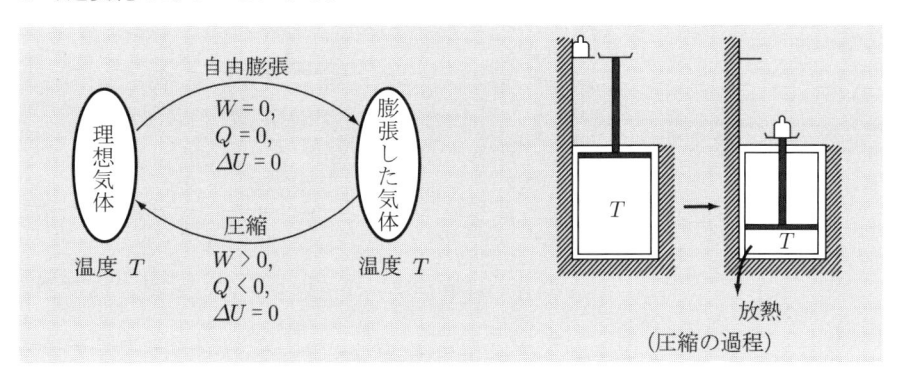

図 3.2　気体の自由膨張と圧縮のサイクル

3.3　準静的変化と可逆変化

次に，前節で考えた気体を，温度 T で準静的に膨張させる場合について考えてみよう．そのためには，錘りを無限に細かく分け，少しずつ棚へおろしてゆけばよい (図 3.3)．このとき系が外界に対してする仕事は，(1.14) 式より

$$W_r = nRT \ln \frac{V_1}{V_2} < 0 \tag{3.2}$$

である*．気体の温度を一定に保つために，系は外界より $Q_r = -W_r$ の熱を吸収する．

すなわち，気体は外界の熱を仕事能力（ポテンシャルエネルギー）に変えている．

---

*$W_r < 0$ となり，系は仕事を失う．

3.4　熱力学第2法則

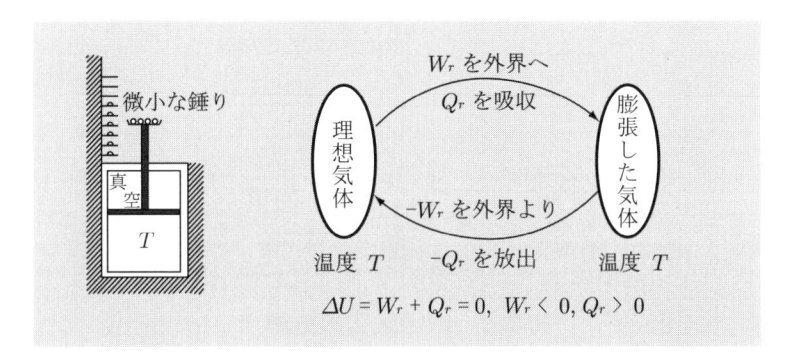

図 3.3　気体の準静的変化

（図中）
W_r を外界へ
Q_r を吸収
理想気体　温度 T
膨張した気体　温度 T
$-W_r$ を外界より
$-Q_r$ を放出
$\Delta U = W_r + Q_r = 0, \; W_r < 0, \; Q_r > 0$
微小な錘り
真空
T

この場合は，棚におろした錘りを逐次ピストン上に戻すことによって，気体を圧縮することができる．この変化も準静的で，最終的には気体ははじめの状態に戻る．温度 T の熱浴と熱的に接触しているので，気体は圧縮の際に Q_r だけの熱を外界へ放出する．

このようにして，気体の準静的膨張・圧縮のサイクルでは，外界においては

$$\text{膨張}: Q_r \longrightarrow W_r$$
$$\text{圧縮}: W_r \longrightarrow Q_r$$

の変化が起って元に戻り，系の内外いずれにも何の痕跡も残らない．このことから，準静的変化は可逆変化であることがわかる．

このように準静的変化のみで行われるサイクルを，**可逆サイクル**という．可逆サイクルでは，サイクルの終了時には，系の内外の状態はすべてはじめの状態と同じになっており，サイクルが行われた痕跡は自然界には残らない．

3.4　熱力学第2法則

前節での考察から，次のことが判明した．

(1) 気体の自由膨張を伴うサイクルでは，仕事が熱に変わる．
(2) 準静的な膨張・圧縮のサイクルでは，自然界は完全に元の状態に戻る．

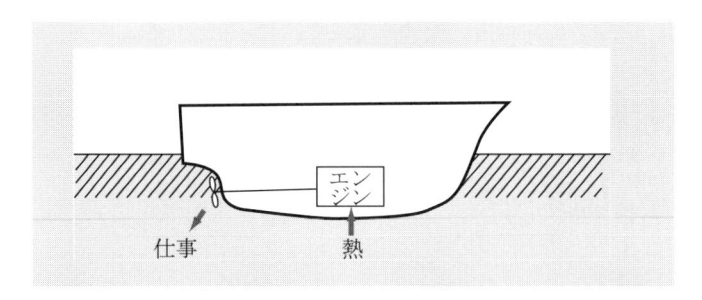

図 3.4 第 2 種永久機関の原理

海から熱をとって運航する船．エンジンには冷却器がつけてあり，そこへ海から熱を流し込む．第 1 法則の原理によりエネルギーの総量は不変に保たれる．

したがって，気体の自由膨張が不可逆変化であるゆえんは，仕事 → 熱の変化が不可逆であることにある．

古来，永久機関の開発は人類の夢の 1 つで，多くの人によって営々と努力が続けられてきた．永久機関には，第 2 章で述べたような，エネルギーの供給なしに運動し続けられる第 1 種永久機関の他に，海や大気などから熱を汲み取って運動し続けることができる，第 2 種永久機関がある (図 3.4)．第 2 種永久機関は，熱を仕事に変えるだけであるから，エネルギー保存則には抵触しない．その点で，第 1 種永久機関とは根本的な差がある．

仕事 → 熱の変化の不可逆性に起因する自然現象（変化）の不可逆性を法則として述べたものが，**熱力学第 2 法則**である．熱力学第 2 法則は，次のような形で述べられる．

- A. **トムソンの原理**：1 つの熱源から熱を奪い，何の影響も残さず，これをすべて仕事に変えることはできない．
- B. **クラウジウスの原理**：同時にある量の仕事を熱に変えることなしに，低温熱源から高温熱源へ熱を移すことはできない．
- C. **第 2 種永久機関不可能の原理**：1 つの熱源のみから熱を得て仕事をするだけで，それ以外に何の作用も行わずに，周期的に働く機関をつくることは不可能である．

3.4 熱力学第 2 法則

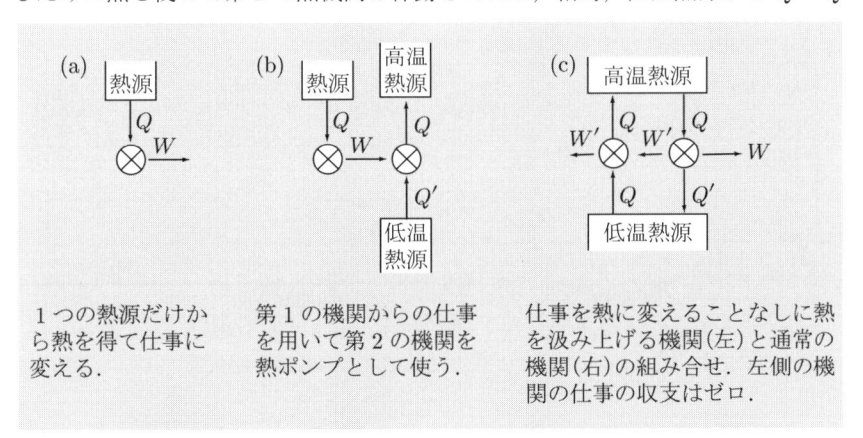

トムソンの原理とクラウジウスの原理が等価であることは，次のようにして証明できる．そのためには，対偶の関係を利用して，一方が否定されれば他方も否定されることを示せばよい．

まず，トムソンの原理が成立しなければ，クラウジウスの原理も成立しないことを示す．トムソンの原理の否定は，図 3.5(a) の形で作動する機関が可能であることを意味している．この場合，この仕事を使って第 2 の熱機関を熱ポンプとして使い*，低温熱源から高温熱源へと熱を汲み上げることができる．したがって図 3.5(b) のように，両者の組合せにより仕事を熱に変えることなしに低温から高温へと熱を移すことができる**．これはクラウジウスの原理に反している．

次に，クラウジウスの原理が否定されればトムソンの原理も否定されることを示す．いま，クラウジウスの原理に反して，仕事を熱に変えることなしに熱が低温から高温へ移せたとする．そのときは，汲み上げた高温の熱を使って熱機関を働かせ，熱を仕事に変えることができる (図 3.5(c))．汲み上げた熱 Q と同じだけの熱を使って第 2 の熱機関を作動させれば，結局，低温熱源から $Q-Q'$

| (a) 1つの熱源だけから熱を得て仕事に変える． | (b) 第 1 の機関からの仕事を用いて第 2 の機関を熱ポンプとして使う． | (c) 仕事を熱に変えることなしに熱を汲み上げる機関(左)と通常の機関(右)の組合せ．左側の機関の仕事の収支はゼロ． |

図 3.5 トムソンの原理とクラウジウスの原理の等価性

---

* 熱機関は外部から仕事をさせることによって低温熱源から高温熱源へ熱を汲み上げる熱ポンプとしても使える．詳しくは 48 ページ参照．
** 熱機関と熱ポンプの組合せを 1 つの熱機関 (系) と考えれば，外から仕事をもらわずに熱を汲み上げる熱機関となっている．

の熱を取り込んで仕事に変える熱機関がつくられることになる．これはトムソンの原理に反している．

なお，熱機関はいずれも循環的に，すなわちサイクル的に作動し，必ず始めの状態へ戻るものと考える．1サイクルの作動の後には，機関は始めと全く同じになっており，変化は系の外部にのみ生じているとして考える．

3.5 熱機関の仕事効率

これまで，熱機関という言葉を明確に定義しないで一般的に用いてきた．熱力学で（だけでなく一般に）いう**熱機関**とは，熱を仕事に変え，循環的に作動し続ける機関のことである．トムソンの原理が示すように，熱機関がサイクルを反復しながら作動し続けるためには，熱源となる高温熱源と，熱の流出先である低温熱源とが必要である．

熱機関を一般化すると，図3.6のようになる．熱機関は高温熱源から熱 Q_1 をとり，その一部を仕事 W として外界は出し，残りの熱 Q_2 を低温熱源へ放出する．熱機関を1つの系とみなすと，Q_1 は正（受け入れ），Q_2 および W は負（放出）である．熱力学第1法則より次の関係がある．

$$Q_1 + Q_2 + W = 0 \tag{3.3}$$

熱機関の仕事の仕事効率 e は

$$e = \frac{-W}{Q_1} = \frac{Q_1 + Q_2}{Q_1} \tag{3.4}$$

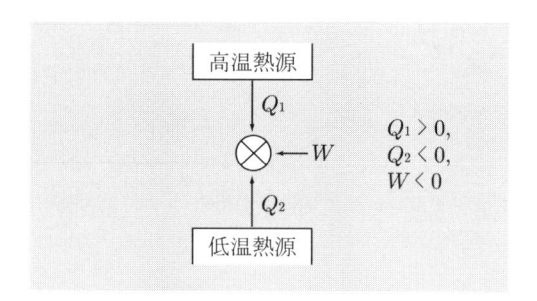

図 **3.6** システムとしての熱機関

3.5 熱機関の仕事効率

で定義される．すなわち，高温熱源から流入した熱と，機関が外部に対してする仕事 $-W$（W は負，したがって $-W$ は正）との比が**仕事効率**である．

1824 年，Carnot(カルノー) は熱機関の仕事効率は最大どこまで高くすることができるかについて研究し，e の最大値 $e_{\max}$ は，熱機関の構造や作業物質のいかんにかかわらず，高温熱源の温度 T_h と低温熱源の温度 T_l とだけで定まることを明らかにした．すなわち

$$e_{\max} = F(T_h, T_l) \tag{3.5}$$

となる．ここで F はある特定の関数である．これを**カルノーの原理**という．

カルノーの原理の証明のために，彼は全行程を準静的変化で行う可逆熱機関を想定した．理想気体の準静的等温膨張・圧縮で示したように，準静的変化は可逆変化である．したがって準静的変化のみで作動する熱機関は，可逆的に運転できる．正常運転により高温から低温へ熱が流れると同時に外部へ仕事をするとすれば，逆運転では外部からの仕事により低温から高温へと熱を汲み上げる熱ポンプとなる．

カルノーの原理は，帰謬法により次のようにして証明できる．いま，同じ高温熱源 (T_h) と低温熱源 (T_l) とのあいだで作動する 2 種の可逆熱機関 A と B があって，それぞれの仕事効率を e_A, e_B とする．かりに $e_A > e_B$ であるとする．したがって，同じ Q_1 の熱を用いたとしたとき，それぞれの機関が外部にする仕事と低温熱源への放熱は

$$\mathrm{A}: -W_A = e_A Q_1, \quad -Q_A = (1 - e_A) Q_1$$
$$\mathrm{B}: -W_B = e_B Q_1, \quad -Q_B = (1 - e_B) Q_1$$

で，しかも $e_A > e_B$ であるから

$$-W_A > -W_B, \quad -Q_A < -Q_B$$

である．すなわち，Q_1 を $-W$ と $-Q_2$ に分ける割合は，A の方がより多く $-W$ に変え，その分 $-Q_2$ は少なくなる．そこで，図 3.7(a) のように，A と B とを連結する．すなわち，A は正常運転をし，その仕事を用いて B を逆運転する．Q_1 の熱を汲み上げるには，W_B の仕事しか必要としない．そこで，$-W_A$ を 2

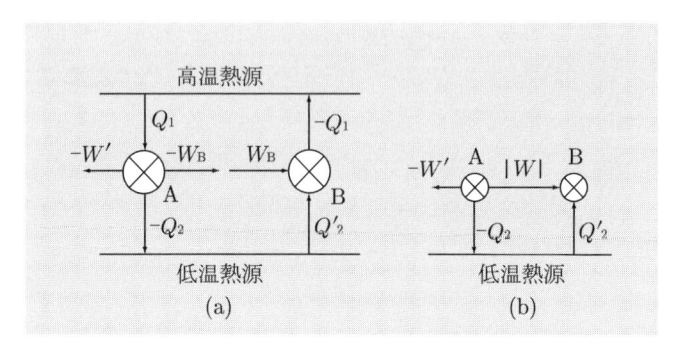

図 **3.7** 効率の異なる 2 つの可逆熱機関の連結

つに分け，$-W_B$ と $-W'$ とする．

$$-W_A = -(W_B + W')$$

$-W_B$ の方は B を逆運転するのに使い，$-W'$ は外部への仕事として用いることにする．両者を連結したものを 1 つの系とみなすと，図 3.7(b) のように，この系は，低温熱源から熱を汲み取って外部へ仕事をする第 2 種永久機関となっている．これはトムソンの原理に反している*．

したがって，T_h と T_l のあいだで作動する可逆熱機関はすべて同じでなければならない．なお，可逆熱機関の仕事効率が最大となることは，不可逆変化では仕事が熱に変えられることからも自明である．

3.6 カルノーサイクルと最大仕事効率

カルノーの原理における普遍関数 $F(T_h, T_l)$ [(3.5) 式] を具体的に求めてみよう．そのために，理想気体を作業物質とし，T_h と T_l で等温膨張・圧縮を行い，その間を断熱膨張・圧縮で結ぶサイクルを考える．これを**カルノーサイクル**という (図 3.8)．e_{max} を求めるために，変化はすべて準静的に行うものとする．その場合は可逆サイクルとなる．

図 3.8 における 4 つの過程 $1 \to 2, 2 \to 3, 3 \to 4, 4 \to 1$ について考える．

---

* $-W_A$ の全部を使って B を逆運転した場合は，クラウジウスの原理に反することになる．なお，Carnot は熱量保存則の立場で考えていたので，第 1 種永久機関不可能の原理に矛盾すると考えた．

3.6 カルノーサイクルと最大仕事効率

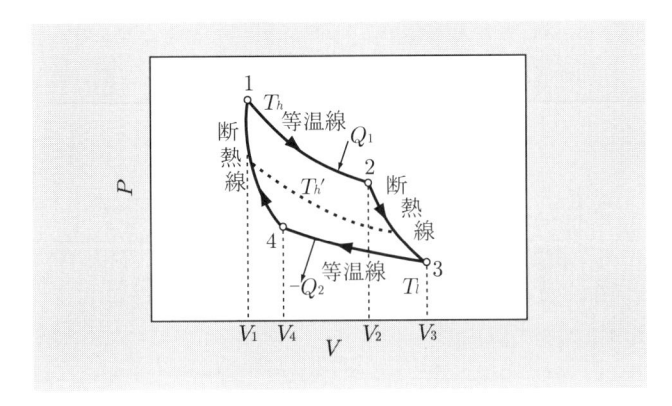

図 3.8 可逆カルノーサイクル

(i) **過程 $1 \to 2$：等温可逆膨張** 温度 T_h において，体積 V_1 から V_2 まで準静的に膨張する．温度 T_h の高温熱源から熱 Q_1 を吸収する．

(ii) **過程 $2 \to 3$：断熱可逆膨張** 体積 V_2 から V_3 まで断熱の条件で準静的に膨張する．温度は T_h から T_l まで低下する．

(iii) **過程 $3 \to 4$：等温可逆圧縮** 温度 T_l において，体積 V_3 から V_4 まで準静的に圧縮する．温度 T_l の低温熱源へ熱 $Q_2 (Q_2 < 0)$ を放出する．

(iv) **過程 $4 \to 1$：断熱可逆圧縮** 体積 V_4 から V_1 まで断熱の条件で準静的に圧縮する．温度は T_l から T_h に上昇する．

$1 \to 2$ および $3 \to 4$ の等温可逆変化では，理想気体の内部エネルギーは一定に保たれるので，

$$\Delta U = 0, \quad Q = -W$$

の関係が成り立つ．したがって，(1.14) 式より系が外部から吸収する熱量は

$$Q_1 = nRT_h \ln \frac{V_2}{V_1}, \quad Q_2 = nRT_l \ln \frac{V_4}{V_3} \tag{3.6}$$

となる．一方，$2 \to 3$ および $4 \to 1$ の断熱可逆変化では，(2.28) 式より

$$\frac{T_l}{T_h} = \left(\frac{V_2}{V_3}\right)^{\gamma-1} = \left(\frac{V_1}{V_4}\right)^{\gamma-1} \quad \therefore \quad \frac{V_4}{V_3} = \frac{V_1}{V_2} \tag{3.7}$$

の関係がある．このことから，$Q_2 = -nRT_l \ln(V_2/V_1)$ となるから，$1 \to 2 \to 3 \to 4 \to 1$ の 1 サイクルによって系が外界にする仕事は，(3.3) 式より

$$-W = Q_1 + Q_2 = nR(T_h - T_l) \ln \frac{V_2}{V_1} \qquad (3.8)$$

となる．この仕事は，図 3.8 の等温線と断熱線で囲まれる面積に等しい (10 ページ参照)．

(3.6) 式と (3.8) 式を用いると，(3.4) 式は

$$e_{\max} = \frac{-W}{Q_1} = \frac{Q_1 + Q_2}{Q_1} = \frac{T_h - T_l}{T_h} \qquad (3.9)$$

となる．すなわち，可逆熱機関の仕事効率は，T_h と T_l だけできまり，その関数形は (3.9) 式で与えられるとおりである．

16 ページでも触れたように，準静的変化でも経路によって Q と W の値が変ることが，図 3.8 の可逆カルノーサイクルでわかる．実際，経路 $1 \to 2 \to 3$ では気体は Q_1 の熱を吸収し，曲線 $1 - 2 - 3$ の下の面積に相当する仕事をするが，別の経路 $1 \to 4 \to 3$ をとった場合は，Q_2 の熱を吸収し，曲線 $1 - 4 - 3$ の下の面積に相当する仕事をする．また，破線に沿った経路をとって $1 \to 3$ に到れば，Q の値も W の値も異ってくる．

可逆カルノーサイクルを逆向きに運転させれば，外部から W の仕事をもらい，低温熱源 T_l より Q_2 を汲み上げ，高温熱源 T_h へ Q_1 を放出するヒートポンプとして作動する．この場合，ヒートポンプの**冷却効果***e_c を

$$e_c = \frac{Q_2}{W} \qquad (3.10)$$

で定義する．

$$W = -(Q_1 + Q_2)$$

であるから，

$$e_c = \frac{-Q_2}{Q_1 + Q_2}$$

---

*　成績係数ともいう．

である．
一方，(3.9) 式より

$$\frac{Q_1}{T_h} + \frac{Q_2}{T_l} = 0 \tag{3.11}$$

の関係があるので次のようになる．

$$e_c = \frac{T_l}{T_h - T_l} \tag{3.12}$$

例題 3.1 室外気温 30°C のとき室内気温を 25°C および 20°C に保持する際のヒートポンプの冷却効率を求め，毎時 1000 kJ の熱を室外に汲み出すのに要する電力の理論上の最小値を求めよ．

解 冷却効率は

$$25°C : e_c = 298/(303 - 298) = 59.6$$
$$20°C : e_c = 293/(303 - 293) = 29.3$$

したがって，要する電力はそれぞれ，

$$100/59.6 = 1.7\,\text{kJ/h} \, \text{と} \, 3.4\,\text{kJ/h}$$

である．1 時間に 1 W の仕事をすると 3600 J の仕事をすることになるので，1 Wh = 3600 J．したがって，電力を Wh に換算すると，それぞれ

$$25°C : 4.7\,\text{Wh} \qquad 20°C : 9.4\,\text{Wh}$$

3.7 熱力学的温度と絶対温度

(3.11) 式を変形すると

$$\frac{T_h}{T_l} = -\frac{Q_1}{Q_2} = \frac{|Q_1|}{|Q_2|} \tag{3.13}$$

となる．T_h, T_l は，理想気体の状態方程式によって定義された温度，すなわち，理想気体温度計による絶対温度である．

(3.13) 式は，絶対温度は，"理想気体"のような作業物質を前提としなくても，可逆機関の Q_1 と Q_2 との比として定義できることを示している．これを**熱力学的温度** (thermodynamic temperature) という．$T_l = 0$ においては $Q_2 = 0$ となり，$e_{\max} = 1$ となる．

(3.13) 式は T_h と T_l の比を定めるだけであるので，温度目盛としては，水の 3 重点を 273.16 度と規約しておくと，熱力学的温度は理想気体温度計による絶対温度と完全に一致する．

演 習 問 題

1 $T_h = 700\,\mathrm{K}$, $T_l = 500\,\mathrm{K}$ および $300\,\mathrm{K}$ で作動する可逆熱機関の仕事効率を比較せよ．

2 理想気体を作業物質として定温で膨張させれば，1 つの熱源から熱をとって熱をすべて仕事に変えることができる．これはトムソンの原理および第 2 種永久機関不可能の原理に反しないか．

3 1/2 mol の理想気体を作業物質とする効率 1/2 のカルノーサイクルについて次の問に答えよ．ただし低温熱源の温度は 77 K，等温膨張過程での体積変化は 10 倍，断熱膨張過程での体積変化は 5 倍であるもとのする．
   (1) 高温熱源の温度はいくらか．
   (2) 可逆カルノーサイクルの図 3.8 の 1/4 に相当する体積はいくらか．
   (3) 1 サイクルの間に外界になされる仕事はいくらか．

4 (1) 外界の圧力 P_e が一定に保たれている条件下で一定量の水を加熱して同温同圧の水蒸気に変える．このとき系が吸収する熱 Q は変化の可逆・不可逆にかかわらず一定であることを示せ．
   (2) (1) の事実が第 2 法則
$$\int \frac{d'Q_r}{T} > \int \frac{d'Q_{ir}}{T_e}$$
に矛盾しないことを示せ．

4 エントロピー

4.1 エントロピー

(3.11) 式は，可逆サイクルにおいては，系が 1 サイクルを終えて始めの状態に戻ったときには，Q_i/T_i の和はゼロとなることを示している (図 4.1)．そこで，可逆変化の際に温度 T の熱源から系へ移動する熱を Q_r とすると，比 Q_r/T は保存されることになる．比 Q_r/T を**エントロピーの変化**といい

$$\Delta S = Q_r/T \tag{4.1}$$

と書く．微小変化については

$$dS = d'Q_r/T \tag{4.2}$$

と書く．この記号を用いると，(3.11) 式は

$$\Delta S_1 + \Delta S_2 = 0, \quad \sum \Delta S_i = 0 \tag{4.3}$$

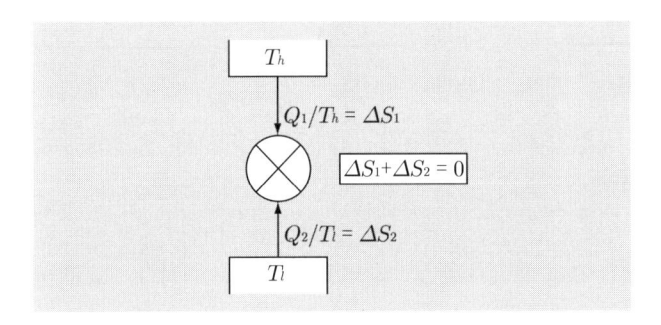

図 4.1　可逆サイクルにおける Q_i/T_i の保存

と書ける*. これは，可逆サイクルにおいては，サイクル終了とともに系のエントロピー変化の和はゼロとなり，系のエントロピーは始めの値に戻ることを意味している．このことから，(4.1) 式で変化量が定義される物理量 S は，内部エネルギーと同じような保存量であることがわかる．すなわち，次のようになる．

エントロピーは状態量

これまでは定温変化について考えてきたが，(4.3) 式は，温度変化を伴う準静的変化に一般化することができる．この場合，始めと終りの状態を多数の熱源に分けて考えれば，(4.3) 式は

$$\sum_{i=1}^{n} \Delta S_i = 0, \quad \sum_{i=1}^{n} Q_{i,r}/T_i = 0 \tag{4.4}$$

と書ける．$n \to \infty$ の極限について考えれば，(4.4) 式は

$$\oint dS = 0, \quad \oint d'Q_r/T = 0 \tag{4.5}$$

と書ける．ここで $\oint$ は，閉じた経路（すなわちサイクル）について積分をとることを意味している．

(4.5) 式は，(i) 可逆サイクルにおいてはエントロピーは保存され，(ii) したがって，状態 I のエントロピー値がわかれば，状態 II のエントロピー値は，可逆変化の経路に沿った次の積分により求められることを示している．

$$S(\mathrm{II}) = S(\mathrm{I}) + \int_{\mathrm{I}}^{\mathrm{II}} \frac{d'Q_r}{T} \tag{4.6}$$

すなわち，(4.5) 式は一般化された形でエントロピー S が状態量であることを示している．

(4.1) 式などによるエントロピー（変化）の定義についてもう一度考えてみよう．Q_r の添字 r は可逆（reversible）を意味している．すなわち，可逆変化に伴って系に流入する熱量によって $\Delta S(dS)$ は定義されている．一般に，状態 A より

---

* $\Delta S_1 = Q_1/T_h,\ \Delta S_2 = Q_2/T_l$.

状態 B への変化の際に系に流入する熱量は，変化の仕方や経路によって変る．熱が不完全微分とよばれるゆえんである．(4.2) 式の $d'Q_r$ の ($'$) はそれを意味している．しかし，状態 I と状態 II とのエントロピーの差 ΔS は，I から II への**任意**の準静的変化の経路に沿って $d'Q_r/T$ を積分することによって得られ，その値は一意的に定まるのである．(4.1) や (4.5) 式等における分母 T は，熱源の温度，すなわち，系からみれば外界の温度を意味している．しかし，準静的変化を考えているので，系の内外の温度は等しい状態で変化している．したがって，これらの式では，そのことを明示せずに，単に記号 T で表わしてある*．

4.2 エントロピーの計算

　エントロピーの変化は，(4.1) あるいは (4.2) 式を用いて計算することができる．本節では，いろいろな場合についてエントロピーの変化を計算してみる．

　(1)　**温度変化に伴うエントロピー変化**　定圧の条件のもとで 1 mol の物質を T_1 から T_2 まで温度を上昇させたときの物質のエントロピー変化は，物質に準静的に熱を加えて温度を上昇させたときに系に流入する熱量

$$d'Q_P = dH$$
$$= C_P dT \qquad (4.7)$$

に基づいて計算できる．ここで C_P は定圧モル熱容量である〔(2.11) 式参照〕．したがって，系のエントロピー変化は次のようになる．

$$\Delta S = \int_{T_1}^{T_2} \frac{C_P}{T} dT = \int_{\ln T_1}^{\ln T_2} C_P d\ln T \qquad (4.8)$$

　ここで注意しなければならないのは，物質系のエントロピー変化 ΔS は，系へ熱を加える方法が準静的であってもそうでなくても，(4.8) 式で与えられるということである．これは，エントロピーが状態量であることに相当している．
　系の加熱の方法の違いは，外界のエントロピー変化となって現われる．すな

---

　*　非平衡の条件下でのエントロピー変化を考える際には，外界と系の温度を区別して考えることが必要になる．

わち，準静的変化では熱流によって外界のエントロピーは ΔS だけ減少し，全体としてのエントロピーは変化しない（エントロピーは熱流によって流れるのみ）が，準静的でない加熱では，外界のエントロピーの減少は ΔS より小さいので，自然界全体としてはエントロピーが増大することになる．この場合は，エントロピーは熱流に伴って流れるだけでなく，発生もする*．

定積変化の場合も上と全く同様に考えることができる．この場合は

$$\Delta S = \int_{T_1}^{T_2} C_V \frac{dT}{T} = \int_{\ln T_1}^{\ln T_2} C_V d\ln T \tag{4.9}$$

となる．ここで C_V は定積（モル）熱容量である〔(2.10) 式参照〕．

C_P や C_V は温度の関数であるが，狭い温度範囲ではほぼ一定と見なせることもある．この場合は，(4.8) 式，(4.9) 式はそれぞれ

$$\Delta S \doteqdot C_P \ln \frac{T_2}{T_1} \quad (\text{定圧}), \quad \Delta S \doteqdot C_V \ln \frac{T_2}{T_1} \quad (\text{定積}) \tag{4.10}$$

となる．C_P や C_V が温度に依存する場合は，図 4.2 のように C_P/T あるいは C_P の実測曲線から，図の灰色部分の面積を求める．

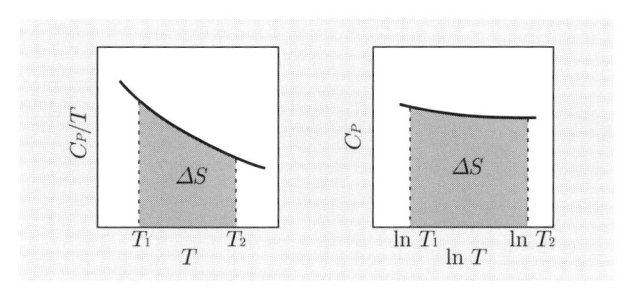

図 4.2　定圧変化に伴うエントロピー変化

例題 4.1　黒鉛の定圧モル熱容量 (J K^{-1} mol^{-1}) は $C_P = 16.9 + 4.77 \times 10^{-3}(T/\text{K}) - 8.54 \times 10^5 (T/\text{K})^{-2}$ で近似される．1 mol の黒鉛を 300 K から 1000 K まで加熱するときの黒鉛のエントロピー変化を求めよ．

---

* この問題は 4.7 節で詳しく論じる．

4.2 エントロピーの計算

解
$$\Delta S = \int_{300}^{1000} \frac{C_P}{T} dT$$
$$= 16.9 \int_{300}^{1000} \frac{dT}{T} + 4.77 \times 10^{-3} \int_{300}^{1000} dT$$
$$\quad -8.54 \times 10^5 \int_{300}^{1000} T^{-3} dT$$
$$= 16.9[\ln(1000/300)] + 4.77 \times 10^{-3}(1000 - 300)$$
$$\quad + 0.5 \times 8.54 \times 10^5[(1000)^{-2} - (300)^{-2}] = 19.37 \,\mathrm{J\,K^{-1}\,mol^{-1}}$$

(2) **相転移に伴うエントロピー変化** 定圧下での相変化は,一定温度で起る場合が多い.たとえば,1 atm 下で水と氷の相変化は 273 K で起る.一定温度で起る.相転移を,**1次相転移***という.

1 次相転移は定温下で進行するから,熱を徐々に加える(取り去る)ことにより,平衡状態を保ちながら可逆的に変化を起すことができる.したがって,相転移に伴うエントロピー変化は次のようになる.

$$\Delta S_{tr} = \frac{\Delta H_{tr}}{T_{tr}} \tag{4.11}$$

ここで ΔH_{tr} は相変化に伴うエンタルピー変化,T_{tr} は転移温度である.

例題 4.2 氷のモル融解熱は 6.01 kJ mol^{-1},水のモル気化熱は 40.66 kJ mol^{-1} である.1 atm 下で 1 mol の水が 0°C で凍結するときおよび 100°C で蒸発するときのエントロピー変化を求めよ.また,両者の大きさを比較せよ.

解
$$\text{凍結}: \Delta S = \frac{-6.01 \times 10^3}{273} = -22.0 \,\mathrm{J\,K^{-1}\,mol^{-1}}$$
$$\text{蒸発}: \Delta S = \frac{40.66 \times 10^3}{373} = 109.0 \,\mathrm{J\,K^{-1}\,mol^{-1}}$$

この結果から,水 → 水蒸気のエントロピー変化は,氷 → 水のエントロピー変化のほぼ 5 倍であることがわかる.

---

* first order phase transition. 熱力学的関数 U, H などの 1 次微分量 V, S などが不連続に変化する.

(3) **理想気体の定温度化に伴うエントロピー変化**　n mol の理想気体を温度 T で圧力を変えて準静的に体積 V_1 から V_2 まで変化させる場合に気体が吸収する熱量は (3.6) 式より

$$Q_r = nRT \ln \frac{V_2}{V_1} \tag{4.12}$$

である．定温変化であるから，エントロピー変化は

$$\Delta S = \frac{Q_r}{T} = nR \ln \frac{V_2}{V_1} = nR \ln \frac{P_1}{P_2} \tag{4.13}$$

となる．$V_2 > V_1$ で $\Delta S > 0$, $V_2 < V_1$ で $\Delta S < 0$ である．

(4) **理想気体の混合に伴うエントロピー変化**　一定圧力 P, 一定温度 T で 2 種類の理想気体 A, B を混合する場合を考える．

図 4.3(a) に示すように，P, T の条件下で n_1 mol の A（体積 V_1）と n_2 mol の B（体積 V_2）とが壁をへだてて接している場合を考える．この壁を取り去ると A と B は相互に拡散して均一な混合気体となる．A, B ともに理想気体であ

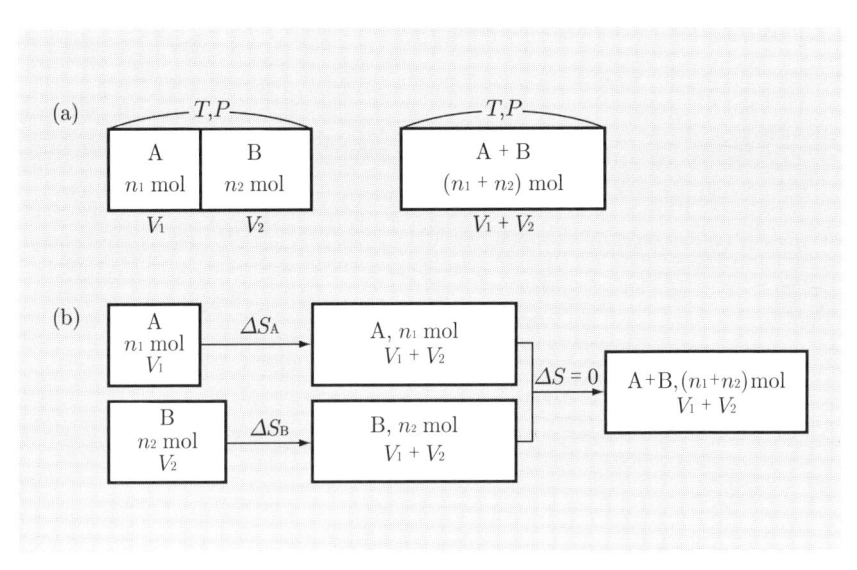

図 **4.3**　理想気体の混合に伴うエントロピー変化

4.2 エントロピーの計算

るから,ドルトン(Dalton)の法則*により混合気体の体積は $V_1 + V_2$ である.したがって,この過程は,図 4.3(b) に示すように,(i) 気体 A, B を $V_1 + V_2$ まで膨張させる,(ii) 膨張した 2 つの気体を混合する,の 2 段階に分けて考えられる.

まず,段階 (i) で,A, B のエントロピーは

$$\Delta S_\mathrm{A} = n_1 R \ln \frac{V_1 + V_2}{V_1} \tag{4.14}$$

$$\Delta S_\mathrm{B} = n_2 R \ln \frac{V_1 + V_2}{V_2} \tag{4.15}$$

だけ増大する.次に,段階 (ii) では,熱の出入りはなく,また A, B 各成分についてみれば体積も圧力(分圧)も変化しない.したがって,この過程では $\Delta S = 0$ である.

(注) この過程が $\Delta S = 0$ であることは,半透膜を使った次の思考実験によって証明される.まず,図 (a) のように,体積が $V_1 + V_2$ の 2 つの容器に,それぞれ気体 A と B とが入っており,両者は重ね合わせられるものとする.気体 A が入った容器の右側は半透膜 1 で,A は通さないが B は通すものとする.気体 B が入った容器の左側は半透膜 2 で,B は通さないが A は通すものとする.図 (b) のようにこの容器を徐々に押し込んでゆくと,膜 1, 2 のいずれも外側の気体は膜を自由に通過するために容器には加わらず,外からなされる仕事はゼロである.また,混合のエンタルピー変化もゼロであるから,結局 (a)→(c) の変化では熱,仕事いずれの出入りもなく,$\Delta S = 0$ である.逆に (c)→(b)→(a) の変化を行なえば熱も仕事も用いずに混合気体を分離できる.

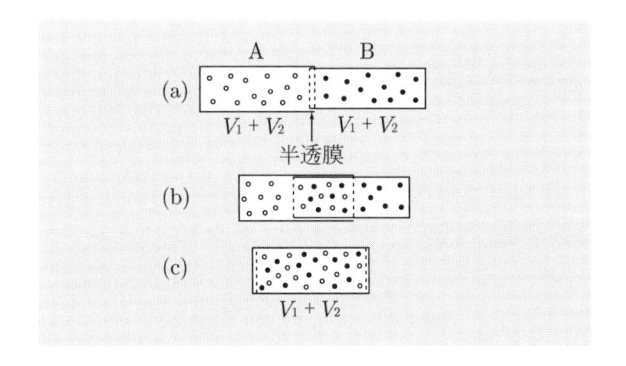

---

* (理想)気体を混合しても,混合の前後で気体の体積は変らない.

等温・等圧では気体の体積は物質量に比例するから

$$\frac{V_1}{V_1+V_2} = \frac{n_1}{n_1+n_2} = x_1, \quad \frac{V_2}{V_1+V_2} = \frac{n_2}{n_1+n_2} = x_2 \tag{4.16}$$

の関係がある．ここでx_1, x_2は**モル分率**である．したがって，混合のエントロピー変化は

$$\Delta S = \Delta S_{\mathrm{A}} + \Delta S_{\mathrm{B}} = -R\left(n_1 \ln x_1 + n_2 \ln x_2\right) \tag{4.17}$$

となる．(4.17)式は多成分の場合に一般化して次のようになる．

$$\Delta S = -R\sum n_i \ln x_i \tag{4.18}$$

4.3 エントロピーの分子論的意味

前節の結果からわかるように，加熱，固体の融解，固体の気化，液体の気化，気体の膨張（混合）の際に物質系のエントロピーが増大する．これらの現象は，物質構成粒子の熱運動（エネルギー）の増大，熱運動により自由に移動できる空間の増大，あるいは粒子の規則的な配列から不規則な配列への移行を伴っている．これらの変化をひとまとめにして，**乱雑さの増大**，ということができる．そして，エントロピーは粒子の乱雑さの尺度とみなされる．

実際，統計力学の建設において中心的な役割を果たしたBoltzmannは，統計力学的なエントロピーを，有名な公式

$$S = k\ln W \tag{4.19}$$

で定義した．ここでkは**ボルツマン定数**（$k = R/L$; Rは気体定数，Lはアボガドロ数）で，Wは与えられたT, P, V等の条件下で粒子系が到達可能な配置の数（微視的状態の数）である．Wの数は，与えられた条件下で系が平衡状態にあるときのものであるが，これを非平衡状態にまで拡張することは今日も試みられている課題の1つである．

可能な配置の数を理解するために，次のような4つの格子点への2個の等価な球の分配について考えてみよう．図4.4に示すように，この場合の配置の数

4.3 エントロピーの分子論的意味

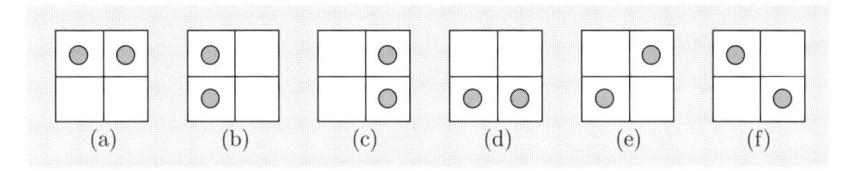

図 4.4 4つの格子点への2個の等価な球の配置

は，${}_4C_2 = 6$ 通りである．したがって，$W = 6$ である．大切なことは，2個の粒子は熱運動によって格子点上を移動可能であり，したがって，系は図 4.4(a) – (f) のいずれの状態にも到達可能で，それらの状態が実現される確率は同じであるということである．

この考えを，格子が明確には定義できない気体の場合にも拡張することができる．そのために，気体が入っている容器を体積 v の仮想的な細胞に分割して考える．いま図 4.5(a) のように，容積 V_2 の容器に1個の粒子があるときの配置の数は，V_2/v（細胞の数）である．それに対し，容積 V_1 の中に1個の粒子が閉じ込められているときの配置の数は V_1/v である．いま，V_1 の中に閉じ込められている N 個の粒子が V_2 に拡散する場合について考える．各細胞に入る粒子の数に制限がないとすると，粒子間に引力・斥力などの力が働いていないとするとき，粒子は全く独立であるから，配置の数はそれぞれ $(V_1/v)^N/N!, (V_2/v)^N/N!$ となる*．したがって，(4.19) を用いて，状態 (c) から状態 (d) へ気体が拡散したときのエントロピー変化は，次のようになる．

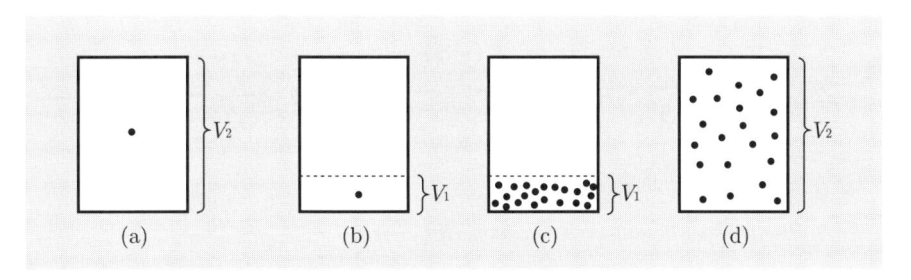

図 4.5 V_1 と V_2 の体積内の気体粒子

---

* 細胞の数が粒子数に比べて十分に大きいと仮定してもよい．$V_1/v = M_1, V_2/v = M_2$ で $M_1, M_2 \gg N$ とすると $M(M-1)(M-2)\cdots(M-N+1) \doteqdot M^N$ とおけるので ${}_{M_1}C_N \doteqdot M_1^N/N!, {}_{M_2}C_N \doteqdot M_2^N/N!$，両者の比は $(M_2/M_1)^N = (V_2/V_1)^N$ となる．

$$\Delta S = k \left[\ln \left(\frac{V_2}{v} \right)^N - \ln \left(\frac{V_1}{v} \right)^N \right] = Nk \ln \frac{V_2}{V_1} = nR \ln \frac{V_2}{V_1} \quad (4.20)$$

ここで $N = nL, Lk = R$ の関係を用いた.これはまさに (4.13) 式である.

以上のことから,統計力学的には配置の数 W によって,(4.19) 式のように系のエントロピーを定義すれば,熱力学によって定義されたエントロピーと合致することがわかる.このことは,多くの実例によって正当性が保証されている.

4.4 熱力学第3法則

Nernst(ネルンスト)は 0 K 近くまでの熱容量を測定し,低温における物質間のエントロピー差を求めたところ,$T \to 0$ で化学変化が起って物質が変化したとしても $\Delta S \to 0$ であることを見いだした.この事実から Nernst は,経験則として,

「固相のみが関与する定温化学反応に伴うエントロピー変化 ΔS は,0 K の極限では 0 となる.すなわち

$$\lim_{T \to 0} \Delta S = 0 \quad (4.21)$$

である」

ことを提唱した (1906 年).これを**ネルンストの熱定理** (heat theorem) という.

ネルンストの熱定理は "0 K においてはすべての物質の原子当り,あるいは質量当りのエントロピーが等しい" という不自然な仮定をしなければ成立しない.たとえば,0 K で

$$2H_2(s) + O_2(s) = 2H_2O(s)$$

の反応において ΔS が 0 であるためには,反応の前後で保存される原子数もしくは質量に基づいて,原子あるいは物質のいかんにかかわらず原子当りないし質量当りの S を等しいとする必要がある.

そこで Planck(プランク) はネルンストの熱定理を一般化して,

「すべての純物質の完全結晶のエントロピーは,0 K において 0 である.すなわち

$$\lim_{T \to 0} S = 0 \quad (4.22)$$

である」

とした．これを**熱力学第3法則**という．第3法則において，純物質と限定したのは，混合のエントロピーが 0 K でも残る可能性があるからである．また，完全結晶としたのは，不完全結晶では配置の数 W が 1 とならないことからくるエントロピーが残るからである．

完全結晶においては，0 K ではすべての格子点に原子・分子・イオンが整然と配置されており[*]，

$$W = 1$$

である．したがって (4.19) 式より

$$S = k \ln 1 = 0$$

となる．これが第3法則の意味するところである．

4.5 残留エントロピー

Planck の熱力学第3法則によれば，結晶において分子の配向などに乱れがあれば，0 K において $S = 0$ とならない．配向の乱れなどにより 0 K においてもなお残っているエントロピーを**残留エントロピー**（residual entropy）という．

残留エントロピーの例は，Clayton と Giauque によって初めて実験的に見いだされた．彼らは，0 K 近傍から 298.15 K までの一酸化炭素 CO の熱容量や転移熱を正確に測定し，298.15 K における CO のエントロピーは 193.3 J K^{-1} mol^{-1} という値を得た．このように熱的データから求めたエントロピーを**熱力学的エントロピー**という．一方，気体状態の CO のスペクトルのデータなどから統計力学に基づいて求めた CO のエントロピーの理論値は，197.5 J K^{-1} mol^{-1} であった．

この差 4.2 J K^{-1} mol^{-1} のエントロピーは，CO が結晶化の際に図 4.6(a) のような完全結晶とはならず，(b) のように配向に乱れを生じ，それがそのまま凍結されるためであるとして説明された．図 4.6(b) のように CO の配向が乱雑である場合，CO の向きの自由度が 2 であるから，各分子当りの配置の数は 2 となる．したがって，0 K 近傍において残留しているエントロピーは，1 mol 当り

---

[*] 0 K においてはすべての粒子は最低エネルギー状態にある．

$$S^{\text{res}} = k \ln 2^L = R \ln 2$$
$$= 5.7 \text{ J K}^{-1} \text{ mol}^{-1}$$

となる.このことから,CO の結晶中では CO はほぼランダムに配向しており,残留エントロピー $4.2 \text{ J K}^{-1} \text{ mol}^{-1}$ はそのためであるとして説明できる.

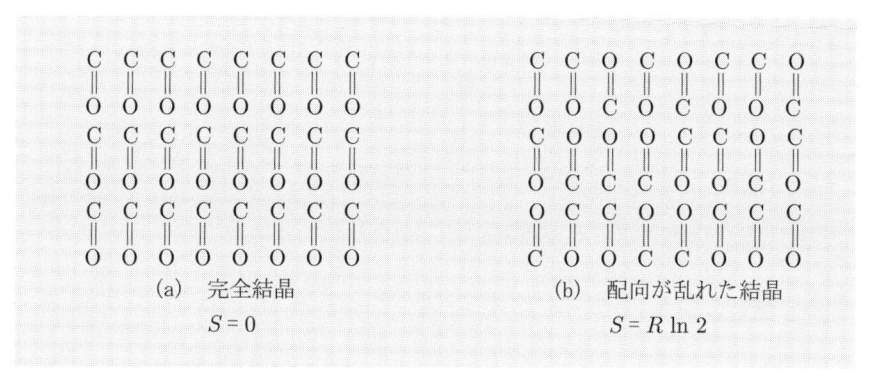

```
C C C C C C C        C C O C O C C O
‖ ‖ ‖ ‖ ‖ ‖ ‖        ‖ ‖ ‖ ‖ ‖ ‖ ‖ ‖
O O O O O O O        O O C O C O O C
C C C C C C C        C O O O C C O C
‖ ‖ ‖ ‖ ‖ ‖ ‖        ‖ ‖ ‖ ‖ ‖ ‖ ‖ ‖
O O O O O O O        O O C C O O C O
C C C C C C C        O C C O O C C C
‖ ‖ ‖ ‖ ‖ ‖ ‖        ‖ ‖ ‖ ‖ ‖ ‖ ‖ ‖
O O O O O O O        C O O C C O O O
   (a) 完全結晶         (b) 配向が乱れた結晶
       S = 0                S = R ln 2
```

図 4.6　CO の残留エントロピー

4.6 標準エントロピー

一定量の物質に含まれる内部エネルギーやエンタルピーの絶対値を定めることはできない.その理由は,1 個の原子について考えてみても原子全体としての運動エネルギーの他に,核と電子の運動エネルギーやポテンシャルエネルギー,核のエネルギー,物質そのものの質量に相当するエネルギーなど,様々だからである.したがって,エネルギーやその関数であるエンタルピーについては,一般に,絶対値を問題とせず,系の変化に伴う変化 ΔU や ΔH のみを問題とする.

しかし,エントロピーについては,熱力学第 3 法則によって零点が定められているので,絶対値を求めることができる.たとえば,一酸化炭素の 25°C におけるモルエントロピーは次のようにして求められる.

1 気圧下では CO は 61.6 K において固相 α より固相 β へ転移し,67.2 K で融解し,81.7 K で気化する.したがって,相転移のエンタルピーをそれぞれ $\Delta H_{\alpha\beta}, \Delta H_f, \Delta H_v$,モル熱容量を低温から順に $C_P^\alpha, C_P^\beta, C_P^l, C_P^g$ とすると

4.6 標準エントロピー

$$S^{\text{th}}(298.15) = \int_0^{61.6} \frac{C_P^\alpha}{T}dT + \frac{\Delta H_{\alpha\beta}}{61.6} + \int_{61.6}^{67.2} \frac{C_P^\beta}{T}dT + \frac{\Delta H_f}{67.2}$$
$$+ \int_{67.2}^{81.7} \frac{C_P^l}{T}dT + \frac{\Delta H_v}{81.7} + \int_{81.7}^{298.15} \frac{C_P^g}{T}dT \quad (4.23)$$

によって 298.15 K におけるモルエントロピー (熱力学的エントロピー) が計算される. CO の場合は 4.2 J K^{-1} mol^{-1} の残留エントロピーがあるので, 298.15 K におけるエントロピーの絶対値は, 次のようになる.

$$S(298.15) = S^{\text{th}}(298.15) + S^{\text{res}} \quad (4.24)$$

図 4.7 には 1 mol のベンゼンのエントロピーの温度による変化が示してある. この図における縦軸 eu は entropy unit の略で cal K^{-1} に相当している.

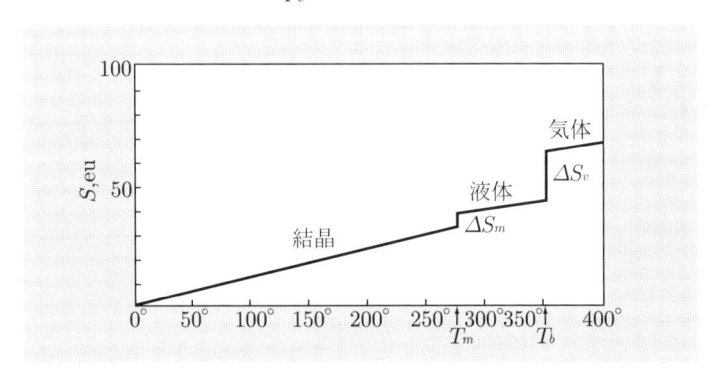

図 **4.7**　1 mol のベンゼンのエントロピーの温度依存性

標準状態における物質 1 mol 当りのエントロピーの絶対値を, **モル標準エントロピー**という. 標準状態としては通常 1 atm をとる. (4.23) 式で求めた CO のエントロピーは, 1 atm のデータを用いた場合には, 25°C における標準エントロピーということになる. 表 4.1 にいろいろな物質の 25°C における標準エントロピーが示してある.

表 4.1　標準エントロピー (25°C)

物　質	$S^{\ominus}/\mathrm{J\,K^{-1}\,mol^{-1}}$	物　質	$S^{\ominus}/\mathrm{J\,K^{-1}\,mol^{-1}}$
O_2 (g)	205.03	Fe_2O_3 (s)	90.0
H_2 (g)	130.59	Al (s)	28.32
H_2O (g)	188.72	Al_2O_3 (s)	50.986
H_2O (ℓ)	69.940	Ca (s)	41.6
He (g)	126.05	CaO (s)	40
Cl_2 (g)	222.94	$CaCO_3$ (s)	92.9
HCl (g)	184.68	Na (s)	55.2
S (斜方)	31.9	NaCl (s)	72.4
S (単斜)	32.6	CH_4 (g)	186.2
SO_2 (g)	248.5	C_2H_6 (g)	229.5
SO_3 (g)	256.2	C_3H_8 (g)	269.9
H_2S (g)	205.6	$n\text{-}C_4H_{10}$ (g)	310.0
N_2 (g)	191.5	C_2H_4 (g)	219.5
NO (g)	210.68	C_2H_2 (g)	200.81
NO_2 (g)	240.5	C_6H_6 (ℓ)	172.8
NH_3 (g)	192.5	CH_3OH (ℓ)	127
C (ダイヤモンド)	2.439	C_2H_5OH (ℓ)	161
C (黒鉛)	5.694	HCHO (g)	218.7
CO (g)	197.90	CH_3CHO (g)	266
CO_2 (g)	213.64	HCOOH (ℓ)	129.0
Fe (s)	27.2	CH_3COOH (ℓ)	160

4.7　不可逆変化とエントロピー増大則

第3章3.6節で述べたように，熱機関の仕事効率は準静的変化すなわち可逆変化で運転したときに最大となり，その最大仕事効率は高温熱源と低温熱源の温度のみによってきまる．この，カルノーの原理の意味するものを，その後 Clausius や Thomson によって確立された熱力学第2法則の立場からもう一度考察してみよう．

カルノーの原理は2つのことを含んでいる．第1は，可逆変化のときに仕事効率が最大となり，不可逆変化を伴うときには仕事効率は必ず低下する，ということである．第2は，高温熱源の熱をすべて仕事に変えることはできない，ということである．

4.7 不可逆変化とエントロピー増大則

摩擦により仕事はすべて熱に変えることができる*.しかし,熱はすべてを仕事に変えることはできない.このことからも,摩擦などにより仕事が熱に変る変化は不可逆変化であることがわかる.その他,気体の真空中への膨張(自由膨張)や物質の拡散,混合なども典型的な不可逆変化である.

可逆変化ではエントロピーは移動する(流れる)だけであるが,不可逆変化においてはエントロピーが増大する.このことを,理想気体の等温可逆膨張と自由膨張とについて検討してみよう.1 mol 気体の $V_1 \to V_2$ の等温可逆膨張では,気体は常に外部からの力に抗して膨張するために,外界に対して仕事をする.気体の温度を外界と同じ温度 T に保つために,気体は外界にした仕事と同じだけのエネルギーを熱として吸収する.その量は,(3.6)式より $Q_r = RT \ln(V_2/V_1)$ である.この際,気体のエントロピーは $Q_r/T = R \ln(V_2/V_1)$ だけ増大する.しかし,同時に外界(熱源)は,Q_r/T だけのエントロピーを失う.すなわち,気体の等温可逆膨張では,エントロピーは外界から気体へ移動するだけで,自然界全体としてのエントロピーは変化しない(図 4.8).

一方,理想気体の自由膨張では,気体の温度は変化しないので,熱源からの熱の移動は起らない.したがって,外界からのエントロピーの移動もない.しかし,気体そのもののエントロピーは,$R \ln(V_2/V_1)$ だけ増大する.したがって自然界全体としてはエントロピーが増大する(図 4.9).

ピストンの運動に摩擦が伴えば,気体の膨張においては内圧は外圧よりも大

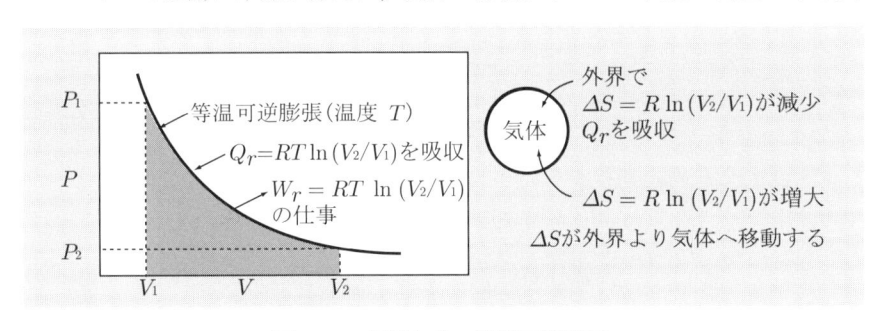

図 4.8 理想気体の等温可逆膨張

---

* われわれの日常的な経験によっている.Joule はこのことを利用して熱と仕事の当量関係を求めた.

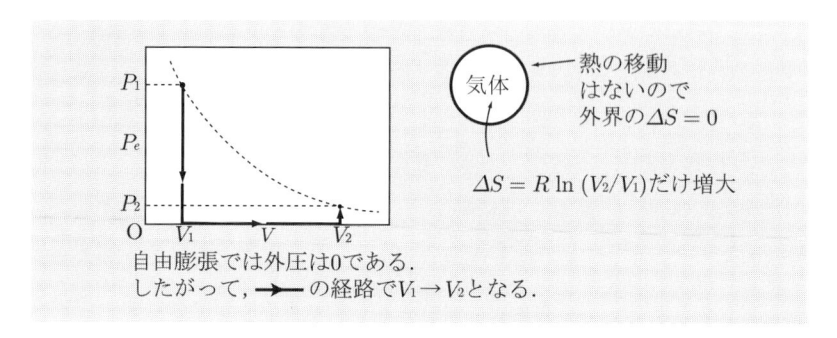

図 4.9 理想気体の自由膨張

きくなっており，圧縮においては外圧が内圧よりも高くなければならない．したがって，膨張の際に気体が外界にする仕事は小さくなり，圧縮の際に気体が外界からなされる仕事は大きくなる*（図 4.10）．したがって，摩擦などの不可逆変化を伴うカルノーサイクルでは，仕事効率は可逆の場合よりも小さくなる．このことから，(3.9) 式より

$$e_{ir} < e_r; \quad e_{ir} \equiv \frac{Q_1 + Q_2}{Q_1} < \frac{T_h - T_l}{T_h} \equiv e_r \tag{4.25}$$

となる．したがって

$$\frac{Q_1}{T_h} + \frac{Q_2}{T_l} < 0 \tag{4.26}$$

あるいは (4.5) 式のように一般化して書くと

$$\oint \frac{d'Q_{ir}}{T_e} < 0 \tag{4.27}$$

となる．ここで T_e は外界の温度である．

可逆過程と不可逆過程からなる 1 つのサイクルを考える（図 4.11）．I → II の過程は可逆，II → I の過程は不可逆とすると，(4.27) 式より

$$\int_I^{II} \frac{d'Q_r}{T_e} + \int_{II}^I \frac{d'Q_{ir}}{T_e} = \oint \frac{d'Q}{T_e} < 0 \tag{4.28}$$

となる．第 1 項は (4.6) 式より $S(II) - S(I)$ に等しいから

---

* このことは，ピストンが有限の速さで移動する場合にもあてはまる．

4.7 不可逆変化とエントロピー増大則

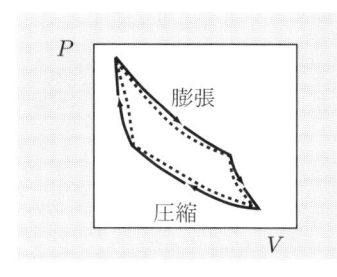

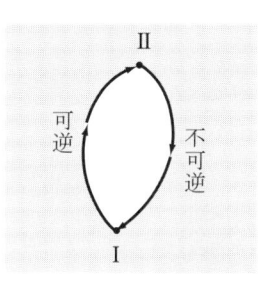

図 4.10 可逆カルノーサイクル (実線) と非可逆カルノーサイクル (点線)

図 4.11 可逆・不可逆の 2 つの過程からなるサイクル

可逆カルノーサイクルがする仕事 e_r は ◸ 内の面積に相当し，非可逆カルノーサイクルがする仕事 e_{ir} は ⋰ 内の面積に相当する．$e_{ir} < e_r$ である．

$$S(\mathrm{II}) - S(\mathrm{I}) < -\int_{\mathrm{II}}^{\mathrm{I}} \frac{d'Q_{ir}}{T_e} \tag{4.29}$$

あるいは

$$S(\mathrm{I}) - S(\mathrm{II}) > \int_{\mathrm{II}}^{\mathrm{I}} \frac{d'Q_{ir}}{T_e} \tag{4.29'}$$

となる．微小変化に対しては，次のようになる．

$$dS > \frac{d'Q_{ir}}{T_e} \tag{4.30}$$

これを**クラウジウスの不等式**という．可逆の場合の(4.2)式も合わせて一般的に

$$dS \geqq \frac{d'Q}{T_e} \tag{4.31}$$

と書かれる．(4.31) 式では T_e は T とのみ記されることもある．

クラウジウスの不等式は，不可逆変化においては外界から流入するエントロピー $d'Q_{ir}/T_e$ よりは系のエントロピー増大 dS の方が大きいことを示している．この差は，不可逆変化に伴う系内におけるエントロピーの生成によっている．クラウジウスの不等式は，不可逆変化によって自然界のエントロピーが増大することを示している．

孤立系において気体の自由膨張や化学反応などの不可逆変化が自発的に進行する場合，$d'Q = 0$ であるから，(4.31) 式は次のようになる．

$$dS \geqq 0 \tag{4.32}$$

すなわち，孤立系において自発的変化が進行するときは，系のエントロピーは増大する．これを**エントロピー増大則**という．このことをクラウジウスは
「世界のエネルギーは一定不変に保たれる．世界のエントロピーはある極大へむけて増大する」
と表現した．

不可逆過程に対するクラウジウスの不等式 (4.30) は，系へ流入する熱 $d'Q_{ir}$ と T_e との比よりも dS の方が大きいことを示している．そこで，**非補償熱** (uncompensated heat) $d'Q_u$ を導入して，(4.30) 式を

$$dS = \frac{d'Q_{ir}}{T_e} + \frac{d'Q_u}{T_e} \tag{4.33}$$

と書くことができる．$d'Q_u$ は摩擦などにより熱に変えられる仕事に相当している．

演 習 問 題

1 同温同体積 (体積 V) の 2 種類の理想気体各 2 mol ずつを次の (1)，(2) の方法で混合するときに，系の内外のエントロピー変化はそれぞれいくらになるか．
(1) 半透膜を用いて定温定圧の条件下で準静的に混合する．混合後の体積は V で不変とする．
(2) 容器の容積を一定にしたまま，両気体間の隔壁をとり除き断熱不可逆過程によって混合する．混合後の気体の体積は $2V$ となる．

2 コックでつながれた容積の等しい 2 つのガラスの容器の一方に He 2 mol，他方に He 1 mol と H_2 1 mol の混合気体がはいっている．コックを開いて全体が一様な混合気体になるまで放置した．
　気体はいずれも理想気体と考えてよいものとして，上の混合過程での ΔS を表す式を求めよ．温度 T は一定とする．

3 (1) 1 atm のもとで 273.15 K の水 1 mol が凝固して 273.15 K の氷になるときのエントロピー変化を求めよ．また，この過程にともなう外界のエントロピー変化も求めよ．
(2) 1 atm のもとで 263.15 K に過冷却された 1 mol の水が凝固して 263.15 K の氷になるときのエントロピー変化を求めよ．また，この過程にともなう外界のエントロピー変化はどうなるか．
　ただし，273.15 K，1 atm における氷のモル融解熱を 6008 J mol^{-1}，水および氷の平均定圧モル熱容量をそれぞれ 75.36 および 37.62 J K^{-1} mol^{-1} とする．

5 自由エネルギーと純物質の相平衡

5.1 自由エネルギー

熱力学第 1 法則を表わす (1.23) 式と熱力学第 2 法則を表わす (4.31) 式とを組み合わせると次の (5.1) 式となる．

$$\left.\begin{array}{l} dU = d'Q + d'W \\ TdS \geqq d'Q \end{array}\right] \longrightarrow dU - TdS \leqq d'W \tag{5.1}$$

ここで等号は可逆変化，不等号は不可逆変化に相当している*．

$d'W$ のうち，大気圧下で行う通常の実験条件では，体積変化の仕事は大気を押し上げるだけで有効な仕事としては使えない．そこで $d'W$ を体積変化の仕事 $d'W_V = -PdV$ と有効に使える正味の仕事 $d'W_{net}$ の 2 つに分ける．

$$d'W = d'W_V + d'W_{net} \tag{5.2}$$

そうすると，(5.1) 式は

$$dU - TdS \leqq d'W_V + d'W_{net} \tag{5.3}$$

となる．ここで，(i) 定温変化，および (ii) 定圧変化，の条件下で系が外界に対してすることのできる仕事 $d'W$ について考えてみることにする．

(i) 定温（定積）変化　定温では $dT = 0$ であるから

$$dU - TdS = d(U - TS)$$

となり，(5.3) 式は

$$d(U - TS) \leqq d'W_V + d'W_{net} \tag{5.4}$$

---
* T_e は単に T と記してある．

となる．ここで

$$A \equiv U - TS \tag{5.5}$$

なる新たな量を導入すると，(5.4) 式は

$$dA \leqq d'W_V + d'W_{net} = d'W \tag{5.6}$$

と書ける．A は状態量 U, T, S のみの関数であるから A もまた状態量であり，**ヘルムホルツ（の自由）エネルギー**（Helmholtz's (free) energy）とよばれている．

ヘルムホルツエネルギーの意味を理解するために，(5.6) 式を

$$-dA \geqq -d'W \tag{5.7}$$

と書き直してみる．この式は，定温の条件下で系が外界になしうる仕事 $-d'W$ は系のヘルムホルツエネルギーの減少 $-dA$ よりも等しいか（可逆）少ないか（不可逆）である．不可逆の場合は，A の減少量の一部は外界への仕事には使われずに，無駄に消費されることに相当する．前章末に述べたように，このときにはエントロピーの流れの他にエントロピーの生成が伴って起る．

ヘルムホルツエネルギー A の変化量は，定温の条件下で系が外界になしうる仕事量の最大値を示しているので，A は**仕事関数**（work function）ともよばれる．

外界との仕事のやりとりが体積変化の場合のみを考えると，$d'W = d'W_V$ である．さらに，定積という条件を課すと，

$$dV = 0 \Rightarrow d'W_V = 0$$

となるから，(5.6) 式は

$$dA \leqq 0 \tag{5.8}$$

となる．すなわち，定温定積変化では可逆の場合 A は一定であり，不可逆の場合 A は減少する．

(ii) **定温定圧変化** 定圧変化の場合,体積変化に伴う仕事は正味の仕事としては使えない.そこで,(5.5)式の U の代わりにエンタルピー H を用いて

$$G \equiv H - TS = U + PV - TS \tag{5.9}$$

なる新たな量を導入する.G もまた状態量で,**ギブズ(の自由)エネルギー**(Gibbs' (free) energy)とよばれている.

定温 ($dT = 0$),定圧 ($dP = 0$) の条件下では,G の微分は

$$dG = dH - TdS = dU + PdV - TdS = dA + PdV \tag{5.10}$$

となる.(5.6)式と(5.10)式とから

$$dG - PdV \leqq d'W_V + d'W_{net} \tag{5.11}$$

となる.ここで $d'W_V = -PdV$ であるから,(5.11)式は

$$dG \leqq d'W_{net} \quad \text{あるいは} \quad -dG \geqq -d'W_{net} \tag{5.12}$$

となる.すなわち,定温定圧の条件下では,G の減少は系が外界に対してする正味の仕事 $-d'W_{net}$ に等しいか(可逆)あるいは少ないか(不可逆)である.

仕事として体積変化の仕事だけを考える場合,$d'W_{net} = 0$ であるから,(5.12)式は

$$dG \leqq 0 \tag{5.13}$$

となる.すなわち,定温定圧の条件下では,可逆変化では G は変化せず,不可逆変化では G が減少する.

5.2 自由エネルギーと束縛エネルギー

(5.5)式を書き直すと

$$U = A + TS \tag{5.14}$$

となる.この式は,定温の条件下では,内部エネルギー U は仕事として取り出せるエネルギー A と,仕事としては取り出せないエネルギー TS とに分けら

れることを示している．自由エネルギー A に対して，TS のことを**束縛エネルギー**（bound energy）という．すなわち，定温では

$$\boxed{内部エネルギー} = \boxed{自由エネルギー} + \boxed{束縛エネルギー}$$

となっている．同様に，定温定圧の条件下では，(5.9) 式より

$$U = G - PV + TS \tag{5.15}$$

となり

$$\boxed{内部エネルギー} = \boxed{自由エネルギー} + \boxed{体積変化の仕事} + \boxed{束縛エネルギー}$$

となっている．

5.3 平衡条件

これまでの結果は次のようにまとめることができる．

条件	平衡	自発的変化[*]
定温定積	$dA = 0$	$dA < 0$
定温定圧	$dG = 0$	$dG < 0$

以上のことから，自発的変化が進行すると系の自由エネルギーは減少し，平衡状態に到達するともはや変化しなくなることがわかる．すなわち，自由エネルギー極小が定温における系の平衡の条件である．図 5.1 は，定温定圧におけるギブズエネルギーと系の安定，不安定の関係を示す．図には，系が準安定となる場合も示してある．準安定な系の例としては，室温における H_2 と O_2 との混合系があげられる．この系は，その温度圧力においては，H_2O となった方がはるかに G の値は小さくなるが，途中に G の高い状態があるために，室温では準安定状態を保っている．

なお，孤立系においては，クラウジウスの不等式 $dS \geqq 0$ より，エントロピー極大の状態が平衡状態であることがわかる．

---

[*] 3.1 節で述べたように，自発的に進行する変化は不可逆変化である．

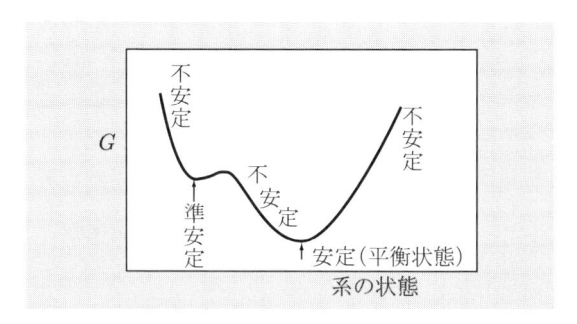

図 5.1　定温定圧におけるギブズエネルギーと系の状態

5.4　自然変数とルジャンドル変換

仕事として体積変化の仕事のみを考えると，可逆変化に対しては $d'W_r = -PdV$ である．これと平衡状態に対する第 2 法則の式 $d'Q_r = TdS$ とを，第 1 法則の式 $dU = d'Q + d'W$ に代入すると

$$dU = TdS - PdV \tag{5.16}$$

を得る．(5.16) 式は，U の独立変数として S, V を選ぶと，U の全微分はこのような簡潔な形となることを示している．そこで，S, V を U の**自然変数**（natural variable）という．$U \equiv U(S, V)$ としたときの U 全微分

$$dU = \left(\frac{\partial U}{\partial S}\right)_V dS + \left(\frac{\partial U}{\partial V}\right)_S dV \tag{5.17}$$

と (5.16) 式とを比較することにより

$$T = \left(\frac{\partial U}{\partial S}\right)_V, \quad P = -\left(\frac{\partial U}{\partial V}\right)_S \tag{5.18}$$

の関係をうる．

エンタルピー $H = U + PV$ の全微分をとり，これに (5.16) 式を代入すると

$$dH = dU + PdV + VdP = TdS + VdP \tag{5.19}$$

となる．これより，H の自然変数は (S, P) であることがわかる．以下同様にし

5 自由エネルギーと純物質の相平衡

て，$A = U - TS$，$G = H - TS$ より

$$dA = -SdT - PdV \tag{5.20}$$

$$dG = -SdT + VdP \tag{5.21}$$

を得る．したがって，A の自然変数は (T, V)，G の自然変数は (T, P) である．以上の結果は表 5.1 にまとめてある．

表 5.1 における熱力学的関数とその自然変数の組をみると，次のことがわかる (表 5.2)．すなわち，独立変数を $V \to P$ と変換する場合，元の関数に積 PV を加える．また，$S \to T$ の変換では，元の関数から TS を減ずる．このような独立変数の変換はルジャンドル (Legendre) 変換とよばれている．

表 5.1 熱力学的関数とその自然変数および全微分

	熱力学的関数	自然変数	全微分
内部エネルギー	U	S, V	$dU = TdS - PdV$
エンタルピー	$H = U + PV$	S, P	$dH = TdS + VdP$
ヘルムホルツエネルギー	$A = U - TS$	T, V	$dA = -SdT - PdV$
ギブズエネルギー	$G = H - TS$	T, P	$dG = -SdT + VdP$

表 5.2 熱力学的関数と独立変数の変換

熱力学的関数の変換	独立変数の変換	ルジャンドル変換
$U(S,V) \to H(S,P)$	$V \to P$	$H = U + PV$
$U(S,V) \to A(T,V)$	$S \to T$	$A = U - TS$
$U(S,V) \to G(T,P)$	$S \to T, V \to P$	$G = U - TS + PV = H - TS$

5.5 マクスウェルの関係式

自由エネルギー等の熱力学的関数は完全微分量であるから (1.26) 式の関係が成立する．A と G についてそれぞれ自然変数を独立変数に選ぶと，(5.20) 式と (5.21) 式より

$$\left(\frac{\partial A}{\partial T}\right)_V = -S, \quad \left(\frac{\partial A}{\partial V}\right)_T = -P \tag{5.22}$$

$$\left(\frac{\partial G}{\partial T}\right)_P = -S, \quad \left(\frac{\partial G}{\partial P}\right)_T = V \tag{5.23}$$

の関係式が得られる．これらに (1.26) 式の関係を適用すると

$$\left(\frac{\partial S}{\partial V}\right)_T = \left(\frac{\partial P}{\partial T}\right)_V, \quad -\left(\frac{\partial S}{\partial P}\right)_T = \left(\frac{\partial V}{\partial T}\right)_P \tag{5.24}$$

を得る．これらの関係式を，**マクスウェル（Maxwell）の関係式**という．同様にして $U \equiv U(S,V), H \equiv (S,P)$ より

$$\left(\frac{\partial T}{\partial V}\right)_S = -\left(\frac{\partial P}{\partial S}\right)_V, \quad \left(\frac{\partial T}{\partial P}\right)_S = \left(\frac{\partial V}{\partial S}\right)_P \tag{5.25}$$

が導かれる（演習問題 1）．

5.6 ギブズエネルギーの圧力，温度による変化

定圧あるいは定温の条件では，ギブズエネルギーの温度あるいは圧力依存性について (5.23) 式の関係が成り立つ．(5.23) の右側の式から，G の圧力による変化について

$$\Delta G = G_2 - G_1 = \int_{P_1}^{P_2} \left(\frac{\partial G}{\partial P}\right)_T dP = \int_{P_1}^{P_2} V dP \tag{5.26}$$

が成り立つ．1 mol の理想気体に対しては，$V = RT/P$ であるから

$$\Delta G = G_2 - G_1 = \int_{P_1}^{P_2} \frac{RT}{P} dP = RT \ln \frac{P_2}{P_1} \tag{5.27}$$

となる．標準状態として 101.325 kPa (1 atm) を選び，これを $P^{\ominus}$ で表わすと，G_1 を $G^{\ominus}$ と書いて，(5.27) 式は

$$G = G^{\ominus} + RT \ln \frac{P}{P^{\ominus}} \tag{5.28}$$

となる*．$G^{\ominus}$ は $P = P^{\ominus}$ のときの 1 mol 当りの G で，気体の種類によって変り，また温度によっても変る．

次に，G の温度による変化に注目しよう．(5.9) 式より，定温では

---

* 一般に標準状態として $P^{\ominus} = 1$ atm をとるので，P を atm 単位で表わす場合，(5.28) 式は $G = G^{\ominus} + RT \ln (P/\text{atm})$ と書くことがある．

$$\Delta G = \Delta H - T\Delta S \tag{5.29}$$

となる．これに (5.23) の左側の式を

$$\left(\frac{\partial \Delta G}{\partial T}\right)_P = -\Delta S$$

と改めて代入すると

$$\Delta G = \Delta H + T\left(\frac{\partial \Delta G}{\partial T}\right)_P \tag{5.30}$$

が得られる．これをギブズ・ヘルムホルツの式という．(5.30) 式は

$$\left[\frac{\partial}{\partial T}\left(\frac{\Delta G}{T}\right)\right]_P = -\frac{\Delta H}{T^2} \tag{5.31}$$

あるいは

$$\left[\frac{\partial}{\partial (1/T)}\left(\frac{\Delta G}{T}\right)\right]_P = \Delta H \tag{5.32}$$

と書ける．(5.32) 式から，$\Delta G/T$ と $1/T$ とをプロットすると，曲線の接線の勾配がその温度における ΔH となることがわかる．

5.7 純物質の液体と蒸気の平衡

いま，図 5.2 のように，純物質の液相と気相とが，温度 T において共存している場合を考える．容器内の物質は外界の熱源によって温度一定に保たれるものとする．このとき，液体と共存しうる蒸気の圧力 P は定まっている．すなわち，ピストンを通して蒸気に加わる外圧が P より大きいと，蒸気は凝縮して全部液体となる．このとき凝縮熱が外界へ放出される．逆に外圧が P より小さいと，系は外界より熱を吸収し，全部が蒸気に変る．

温度 T において液体と共存している蒸気の圧力を，その物質の温度 T における**蒸気圧**という．図 5.3 にいろいろな物質の蒸気圧の温度依存性，すなわち**蒸気圧曲線**が示してある．

5.7 純物質の液体と蒸気の平衡

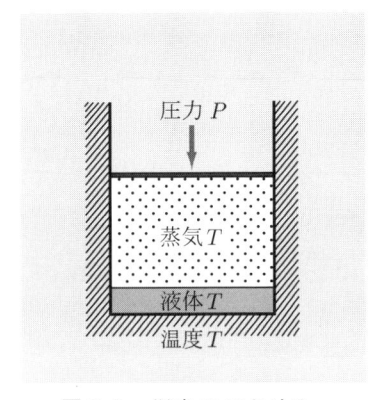

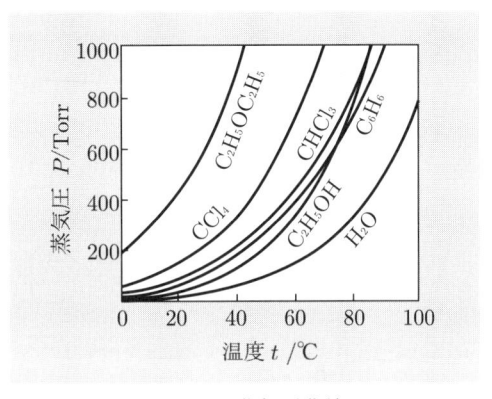

図 5.2 温度 T における液体と蒸気の平衡

図 5.3 蒸気圧曲線

いま，ある温度で気体 – 液体が平衡状態にあるとする．この系全体のギブズエネルギーを G，液相と気相の物質 1 mol 当りのギブズエネルギーを $g^{(\ell)}$, $g^{(g)}$ とし，液相と気相には $n^{(\ell)}$ mol と $n^{(g)}$ mol の物質があるとする．そうすると，界面エネルギーを無視すると

$$G = n^{(\ell)}g^{(\ell)} + n^{(g)}g^{(g)} \tag{5.33}$$

である．いま，$dn^{(\ell)}$ だけの液体が蒸発したとすると，$-dn^{(\ell)} = dn^{(g)}$ であるから

$$dG = g^{(\ell)}dn^{(\ell)} + g^{(g)}dn^{(g)} = (g^{(g)} - g^{(\ell)})dn^{(g)} \tag{5.34}$$

となる．T, P 一定下での系の平衡条件は (5.13) 式より $dG = 0$ であるから

$$g^{(g)} = g^{(\ell)} \tag{5.35}$$

が気 – 液平衡の条件となる．すなわち，モル当りのギブズエネルギーが等しいときに気 – 液平衡となる．

(5.35) 式に (5.21) 式を代入すると*

$$V^{(g)}dP - S^{(g)}dT = V^{(\ell)}dP - S^{(\ell)}dT \tag{5.36}$$

---

* 平衡の近傍では $dg^{(g)} = dg^{(\ell)}$ も成立している．以下，すべての示量性の量はモル当りであるとする．

$$\frac{dP}{dT} = \frac{S^{(g)} - S^{(l)}}{V^{(g)} - V^{(l)}} = \frac{\Delta S}{\Delta V} = \frac{\Delta H}{T\Delta V} \tag{5.37}$$

が得られる．(5.37) 式では相変化について $\Delta S = \Delta H/T$ が成り立つことが利用してある．すなわち ΔH は相転移のエンタルピー変化，T は転移温度である．(5.37) 式は**クラペイロン・クラウジウス**（Clapeyron-Clausius）**の式**とよばれている．

液体とその蒸気との平衡の場合，$V^{(g)} \gg V^{(l)}$ なので，$\Delta V \simeq V^{(g)} = RT/P$ と近似できる*．これらの近似を用いると，(5.37) 式は

$$\frac{dP}{dT} = \frac{\Delta H_v P}{RT^2} \tag{5.38}$$

となる．ここで ΔH_v はモル気化熱である．ΔH_v が温度に依存しないとし，$T^\ominus, T$ における蒸気圧を $P^\ominus, P$ とすると，(5.38) 式を積分して

$$\ln \frac{P}{P^\ominus} = -\frac{\Delta H_v}{R}\left(\frac{1}{T} - \frac{1}{T^\ominus}\right) \tag{5.39}$$

を得る．(5.39) 式は

$$P = P^\ominus \exp\left[-\frac{\Delta H_v}{R}\left(\frac{1}{T} - \frac{1}{T^\ominus}\right)\right] = c \exp\left(-\frac{\Delta H_v}{RT}\right)$$
$$c = P^\ominus \exp\left(\frac{\Delta H_v}{RT^\ominus}\right) \tag{5.40}$$

とも書ける．(5.39) 式より，$\log(P/P^\ominus)$ と $1/T$ とは直線関係にあることがわかる．図 5.4 にいろいろな物質の $\log P \sim 1/T$ の関係が示してある．プロットはほぼ直線に近い．直線の勾配から，(5.39) 式を用いて，ΔH_v が求まる．

液体の蒸気圧が外圧に等しくなると，液体は沸騰する．$P = 1\,\mathrm{atm}$ のときの沸点を，**標準沸点**といい，T_b で示す．このとき，(5.39) 式は

---

* 蒸気について理想気体の近似が成立すると仮定する．これは常温・常圧付近では十分によい近似である．

5.7 純物質の液体と蒸気の平衡

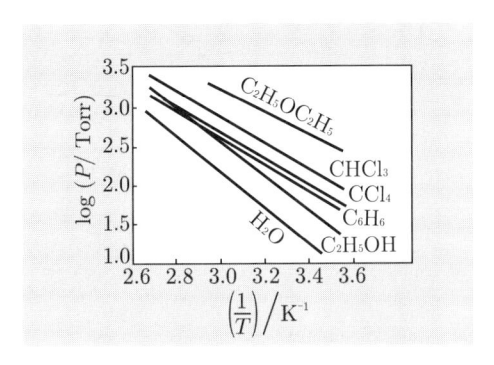

図 **5.4**　$\log P \sim 1/T$ のプロット

$$\log(P/\text{atm}) = \frac{\Delta H_\text{v}}{2.303 RT_\text{b}}\left(1 - \frac{T_\text{b}}{T}\right) \qquad (5.41)$$

と書ける*.

多くの物質について，$\Delta H_\text{v}/RT_\text{b}$ はほぼ一定で

$$\frac{\Delta H_\text{v}}{RT_\text{b}} = \frac{\Delta S_\text{v}}{R} \simeq 10.5\,\text{J}\,\text{K}^{-1}\,\text{mol}^{-1} \qquad (5.42)$$

の関係がある．これを**トルートンの規則**（Trouton's rule）という．これは 1 atm 下での蒸発のモルエントロピー変化 ΔS_v が，物質の種類によらずほぼ一定で，$10.5R = 87\,\text{J}\,\text{K}^{-1}\,\text{mol}^{-1}$ であることを示している (表 5.3).

表 5.3 に見られるように，ヘリウム，水素など沸点が非常に低い物質およびエタノール，水，酢酸などの会合性物質はトルートンの規則からずれている．低沸点物質では，沸点における蒸気が占める空間が小さく，蒸気のエントロピーが小さいためである．エタノールや水では，液相中で分子間に水素結合による会合を形成しており，蒸発の際にその結合を切るための余分のエネルギーを必要とするからである．また，酢酸で ΔS_v が小さいのは，気相中でもなお，分子間水素の結合による二量体を形成しているためである (図 5.5).

---

* $\ln$ は e を底とする自然対数で，$\log$ は 10 を底とする常用対数．
$\ln x = \log x / \log e = 2.303 \log x$

5 自由エネルギーと純物質の相平衡

表 5.3 蒸発熱と蒸発のエントロピー

物　質	T_b/K	$\Delta H_v/\text{kJ mol}^{-1}$	$\Delta S_v/\text{J K}^{-1}\text{mol}^{-1}$	$\Delta S_v/R$
He	4.25	0.1	23.5	2.8
CCl_4	349.9	30.0	85.7	10.3
Cl_2	239.10	20.41	85.36	10.3
HCl	188.11	16.2	86.1	10.4
H_2	20.39	0.904	44.3	5.3
H_2O	373.15	40.66	109.0	13.1
アセトン	329.7	29.0	88.0	10.6
エタノール	351.7	38.6	110	13.2
酢　酸	391.4	24.4	62.3	7.5
ブタン	272.7	21.29	78.1	9.4
フェノール	455.1	48.5	107	12.9
ヘキサン	341.90	28.85	84.4	10.2
メタン	111.67	8.180	73.25	8.8

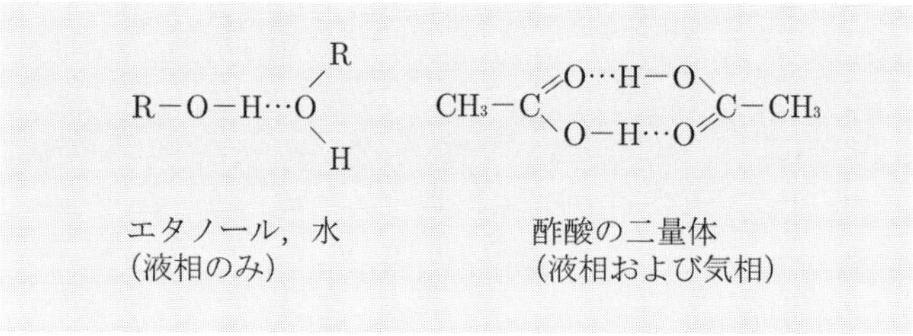

エタノール，水
（液相のみ）

酢酸の二量体
（液相および気相）

図 5.5　エタノール，水および酢酸の分子会合

5.8　固体の融解と昇華，状態図（相図）

クラペイロン・クラウジウスの式 (5.37) は固相－液相，固相－気相あるいは固相 (I) － 固相 (II) の平衡関係にも成り立つ．

図 5.6 に，水の各状態（相）の共存関係が示してある．このような図を**状態図**あるいは**相図**（phase diagram）という．図中曲線 OC は融解曲線で，固相－液相が共存しうる温度と圧力の関係を示したものである．水の場合，凝固することによって体積が膨張する特異な物質で，$V_s > V_\ell$ であるので，(5.37) 式において $\Delta V < 0$ となり，dP/dT は負となる．水の融解曲線が右下りとなっているのはそのためである．

5.8 固体の融解と昇華，状態図（相図）

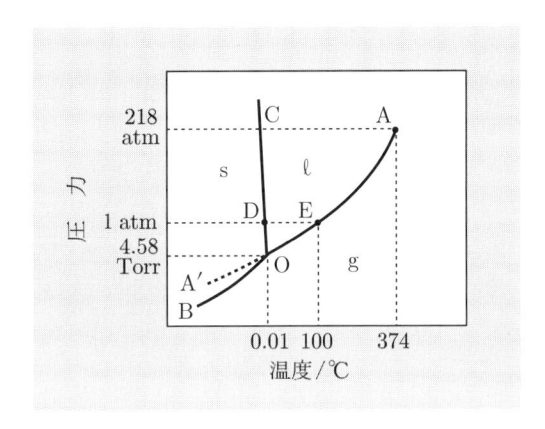

図 5.6 水の状態図（概略図）
D は氷の融点，E は水の沸点，O は 3 重点．
破線 OA′ は過冷却水の蒸気圧曲線．

　固体が直接蒸気になる現象を**昇華**（sublimation）といい，このとき吸収される熱を**昇華熱**（heat of sublimation）(ΔH_s)，平衡蒸気圧を**昇華圧**（sublimation pressure）という．昇華に関しては，$V_g \gg V_s$ の関係があるので，クラペイロン・クラウジウスの式は (5.38) 式で近似される．ただし，ΔH_v は ΔH_s でおきかえる．

　図 5.6 に見られるように，昇華曲線 (BO)，蒸発曲線 (OA)，融解曲線 (OC) は 1 点で交わる．この点を **3 重点**（triple point）という．3 重点では温度も圧力も一意的に定まる．水の場合 $P = 4.58$ Torr*，$T = 0.01°$C である．

　図 5.6 で s, ℓ, g の領域内では T, P ともに自由に変えられる．したがってただ 1 つの相のみが存在する場合，系の自由度は 2 である．それに対し，蒸気圧曲線等の曲線上では，T, P のいずれかを定めると他方は一意的に定まる．したがって，2 つの相が共存する場合，系の自由度は 1 である．さらに，3 重点では，T, P とも一意的に定まっており，3 つの相が共存する場合の系の自由度は 0 であることがわかる．共存する相の数と系の自由度に関する一般式は，6.3 節において導かれる．

---

* 1 Torr = 1 mmHg = 133.3 Pa.

図5.7は硫黄の状態図を示したものである．硫黄には，斜方硫黄 S_α と単斜硫黄 S_β とが安定に存在する．このように，純物質が2種以上の異なる固相をとりうることを，**多形**（polymorphism）という．多形は，結晶形の違いにより起る．図より1atmでは，低温で斜方硫黄が安定で，95.5°Cで単斜硫黄へ転移し，119°Cで単斜硫黄が融解することがわかる．T_1, T_2, T_3 で示した3つの3重点が存在する．破線は，斜方硫黄を急速に加熱したときの準安定斜方硫黄の昇華曲線および融解曲線である．破線の交点は準安定斜方硫黄の3重点である．1atmで斜方硫黄を徐々に加熱していくと，95.5°C (A)で単斜硫黄に転移し，118.95°C (C)で融解する．液状硫黄にも黄色流動性の S_λ と濃褐色粘稠性 S_μ とがあり，低温側の S_λ より高温側の S_μ へ160°Cで転移する．S_μ は444.55°C (D)で沸騰する．

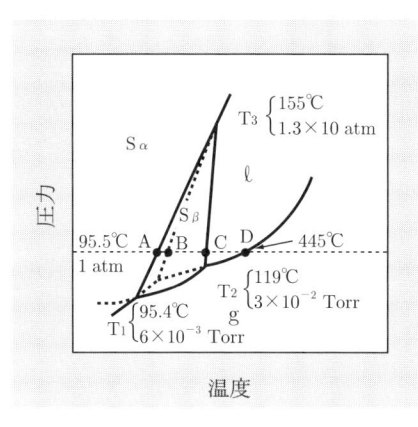

図5.7　硫黄の状態図（概略図）　　図5.8　炭素の状態図

米国GE社はダイヤモンドの合成に努め，1955年になってはじめて，金属を触媒として55000 atm～100000 atm, 1200～2400°Cの超高圧，超高温において黒鉛などの炭素をダイヤモンドに変えることに成功した．図5.8は，1963年GE社のバイデイが提案した炭素の状態図である．OAは黒鉛‐ダイヤモンドの転移曲線で，OBは黒鉛の，OCはダイヤモンドの融解曲線である．OBの左側の破線は準安定ダイヤモンドの融解曲線，破線ODは準安定黒鉛の存在領域

を示している．図中斜線の領域はダイヤモンドの合成が行われている領域である．領域 III は金属状態の炭素と考えられている．

演 習 問 題

1 マクスウェルの関係式

$$\left(\frac{\partial T}{\partial V}\right)_S = -\left(\frac{\partial P}{\partial S}\right)_V, \quad \left(\frac{\partial T}{\partial P}\right)_S = \left(\frac{\partial V}{\partial S}\right)_P$$

を導け．

2 次の関数式を導け．

(1) $\left(\dfrac{\partial U}{\partial V}\right)_T = T\left(\dfrac{\partial P}{\partial T}\right)_V - P$

(2) $\left(\dfrac{\partial H}{\partial P}\right)_T = -T\left(\dfrac{\partial V}{\partial T}\right)_P + V$

(3) $\left(\dfrac{\partial P}{\partial T}\right)_V = \dfrac{\alpha}{\kappa}$

$\left(\alpha = \dfrac{1}{V}\left(\dfrac{\partial V}{\partial T}\right)_P \text{は体膨張率}, \kappa = -\dfrac{1}{V}\left(\dfrac{\partial V}{\partial P}\right)_T \text{は圧縮率}\right)$

3 (1) 下に与えた酢酸の飽和蒸気圧のデータを用いて，120°C 付近における酢酸蒸気 1 mol あたりの蒸発熱を求めよ．

温度/°C	蒸気圧/Torr
110	583
130	1040

(2) 酢酸の 1 atm 下の沸点 117.4°C で直接に測定された蒸発熱は 406 J g^{-1} である．これと (1) の結果から酢酸蒸気の分子量を求めよ．酢酸の分子式から予想される分子量と不一致であるならば，その理由も考察せよ．

4 0°C における水および氷の密度は 0.9999 g cm^3, 0.9168 g cm^{-3}，融解熱は 333.88 J g^{-1} である．1 atm における氷の融点が 0°C であるとすると，3 重点 4.58 Torr における融点はいくらになるか．

5 ベンゼンの標準沸点は 80.13°C でこの温度における蒸発熱は 31.6 kJ mol^{-1} である．気圧 750 Torr のときの沸点はいくらになるか．

6 多成分系の相平衡

6.1 開放系の熱力学，化学ポテンシャル

これまでは物質の出入りのない閉鎖系を対象としてきた．この章では，物質の出入りがある開放系へ熱力学の法則を拡張することにする．

いま，系に物質 i が dn_i mol だけ外界から入ったとして，そのときの系の内部エネルギーの増分を $\mu_i dn_i$ とすると，熱力学第1法則の式 (1.23) は

$$dU = d'Q + d'W + \mu_i dn_i \tag{6.1}$$

となる．μ_i は i の化学ポテンシャルとよばれている．系に入ってくる物質が2種以上のとき $(i = 1, \cdots, k)$ は，(6.1) 式は

$$dU = d'Q + d'W + \sum_{i=1}^{k} \mu_i dn_i \tag{6.2}$$

となる．(6.2) 式は開放系に対する熱力学第1法則の公式である．

(6.2) 式を第2法則と結びつけると，準静的変化については $d'Q = TdS, d'W = -PdV$ とおいて次の式を得る．

$$dU = TdS - PdV + \sum \mu_i dn_i \tag{6.3}$$

閉鎖系に対して 5.4 節で行ったのと全く同じ手順を開放系の公式 (6.3) に適用すれば，ルジャンドル変換により順次，次の式を得る．

$$dH = TdS + VdP + \sum \mu_i dn_i \tag{6.4}$$
$$dA = -SdT - PdV + \sum \mu_i dn_i \tag{6.5}$$
$$dG = -SdT + VdP + \sum \mu_i dn_i \tag{6.6}$$

(6.3) 式における μ_i は

$$\mu_i = \left(\frac{\partial U}{\partial n_i}\right)_{S,V,n_j} \tag{6.7}$$

で与えられる．ここで偏導関数の添字 n_j は，i 以外の成分の量を一定とすることを意味している．定温，定圧の条件では，化学ポテンシャル μ_i は (6.6) 式より次のように与えられる．

$$\mu_i = \left(\frac{\partial G}{\partial n_i}\right)_{T,P,n_j} \tag{6.8}$$

次に，化学ポテンシャルの意味について考えてみよう．ギブズエネルギーは示量性の状態量であるから，定温，定圧で各成分を λ 倍すると，G の値も λ 倍になる．

$$G(T, P, \lambda n_1, \lambda n_2, \cdots, \lambda n_k) = \lambda G(T, P, n_1, n_2, \cdots, n_k) \tag{6.9}$$

(6.9) 式の両辺の λ についての偏導関数を求めると

$$(左辺): \sum_{i=1}^{k} \left[\frac{\partial G(T, P, \cdots, \lambda n_i, \cdots)}{\partial(\lambda n_i)}\right]_{T,P,n_j} \left(\frac{\partial \lambda n_i}{\partial \lambda}\right)$$

$$= \sum_{i=1}^{k} \left[\frac{\partial G(T, P, \cdots, \lambda n_i, \cdots)}{\partial(\lambda n_i)}\right]_{T,P,n_j} n_i \tag{6.10}$$

(6.9) 式の右辺の λ についての偏導関数は当然 G となる．したがって，両辺の偏導関数をとり，$\lambda = 1$ とおくと，(6.8) 式より

$$\sum_{i=1}^{k} \mu_i n_i = G \tag{6.11}$$

となる．すなわち，ギブズエネルギーは各成分の化学ポテンシャルと物質量の積の和となる．とくに，$k = 1$，すなわち 1 成分系（純物質）のときには

$$G = \mu n \tag{6.12}$$

となる．

いま，定温，定圧の条件下で純物質の液体－蒸気平衡が成立しているとする．液相の物質量と化学ポテンシャルをそれぞれ $n^{(\ell)}, \mu^{(\ell)}$，気相のそれらを $n^{(g)}, \mu^{(g)}$ とすると，(5.13) 式より，平衡状態では $dG = 0$ であるから

$$dG = d(n^{(\ell)}\mu^{(\ell)} + n^{(g)}\mu^{(g)}) = \mu^{(\ell)} dn^{(\ell)} + \mu^{(g)} dn^{(g)} = 0 \qquad (6.13)$$

である*．物質保存の関係から，$dn^{(g)} = -dn^{(\ell)}$ であるから，(6.13) 式は

$$(\mu^{(\ell)} - \mu^{(g)}) dn^{(\ell)} = 0 \qquad (6.14)$$

となる．$dn^{(\ell)}$ は一般には 0 でないから，平衡状態では

$$\mu^{(\ell)} = \mu^{(g)} \qquad (6.15)$$

である．すなわち，液相と気相の化学ポテンシャルは等しい．

また，自発的変化，すなわち不可逆変化が起る場合には，$dG < 0$ であるから

$$(\mu^{(\ell)} - \mu^{(g)}) dn^{(\ell)} < 0 \qquad (6.16)$$

である．これは

$\mu^{(\ell)} > \mu^{(g)}$ のとき $dn^{(\ell)} < 0 \quad \Rightarrow \quad$ 液相より気相へ移動（蒸発）

$\mu^{(\ell)} < \mu^{(g)}$ のとき $dn^{(\ell)} > 0 \quad \Rightarrow \quad$ 気相より液相へ移動（凝縮）

という変化が自発的に進行することを意味する．いいかえると，物質は μ の大きい相から小さい相へ自発的に移動する．μ が化学ポテンシャルとよばれるのはそのためである．すなわち，μ の大きさが化学的な意味での物質のポテンシャルの高さに相当していることになる．

6.2 理想気体の化学ポテンシャル

1 mol の純粋な理想気体のギブズエネルギーは (5.28) 式

$$G^\circ = G^\ominus + RT \ln P/P^\ominus \qquad (6.17)$$

---

* 定温・定圧では μ は組成にのみ依存する．従って 1 成分系では μ は一定となる．

6.2 理想気体の化学ポテンシャル

で与えられる．ここで G° の $(^\circ)$ は純物質についての記号である．理想気体の内部エネルギーは温度一定であれば体積によらないので，分子間相互作用がないことを考慮すると，混合の際に内部エネルギーは変化しない．すなわち，2 成分混合系では

$$\Delta U_{\mathrm{mix}} = U_{\mathrm{mix}} - (n_1 U_1^\circ + n_2 U_2^\circ) = 0 \tag{6.18}$$

である．ここで n_i は i 成分の物質量，U_i° は純粋な i のモル内部エネルギー，U_{mix} は混合物の内部エネルギーである．また，理想気体の混合の際に体積が変化しないというドルトンの法則より次のようになる．

$$\Delta V_{\mathrm{mix}} = V_{\mathrm{mix}} - (n_1 V_1^\circ + n_2 V_2^\circ) = 0 \tag{6.19}$$

ここで V_i° は純粋な i のモル容積である．したがって理想混合気体については

$$\Delta G_{\mathrm{mix}} = \Delta U_{\mathrm{mix}} + P\Delta V_{\mathrm{mix}} - T\Delta S_{\mathrm{mix}} = -T\Delta S_{\mathrm{mix}} \tag{6.20}$$

となる．(4.17) 式より

$$\Delta G_{\mathrm{mix}} = RT(n_1 \ln x_1 + n_2 \ln x_2) \tag{6.21}$$

となる．したがって，混合物のギブズエネルギーは

$$G_{\mathrm{mix}} = n_1 G_1^\circ + n_2 G_2^\circ + RT(n_1 \ln x_1 + n_2 \ln x_2) \tag{6.22}$$

となる．混合物中の i 成分の化学ポテンシャルは，(6.8) 式と (6.22) 式より

$$\mu_i = \left(\frac{\partial G_{\mathrm{mix}}}{\partial n_i}\right)_{T,P,n_j} = G_i^\circ + RT \ln x_i + RT \sum_{j=1}^{2} n_j \left(\frac{\partial \ln x_j}{\partial n_i}\right) \tag{6.23}$$

となる．G_i° は純粋な i のモルギブズエネルギーであるから，μ_i° と書ける．また，(6.23) 式の最後の項はゼロとなるので*，結局

$$^* \quad n_1\left(\frac{\partial \ln x_1}{\partial n_1}\right) + n_2\left(\frac{\partial \ln x_2}{\partial n_1}\right) = n_1 \frac{1}{x_1} \frac{\partial}{\partial n_1}\left(\frac{n_1}{n_1+n_2}\right)_{n_2}$$
$$+ n_2 \frac{1}{x_2} \frac{\partial}{\partial n_1}\left(\frac{n_2}{n_1+n_2}\right)_{n_2} = 0$$

$$\mu_i = \mu_i^\circ + RT \ln x_i \tag{6.24}$$

を得る．理想混合気体についてはドルトンの分圧の法則が成り立つ．すなわち，混合気体の各成分の分圧 P_i の和が全圧 P に等しく，かつ，P_i はモル分率 x_i に比例する：

$$P_i = x_i P, \quad \sum P_i = P \tag{6.25}$$

この関係を用いると，(6.24) 式は

$$\mu_i = \mu_i'^\circ + RT \ln P_i \tag{6.26}$$

となる．ここで

$$\mu_i'^\circ = \mu_i^\circ - RT \ln P$$

である．

いいかえると，各成分について (6.24) 式が成立する気体を理想混合気体ということができる（7 章演習問題 1 参照）．

6.3 ギブズの相律

5.8 節で見たように，純物質の系の自由度は，共存する相の数の増大とともに減少し，3 重点での自由度は 0 であった．ここでは，多成分系について，共存

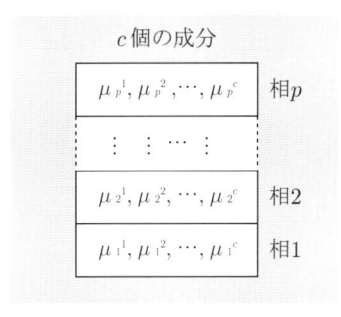

図 6.1　各相が c 個の成分から成る p 個の相の共存

6.3 ギブズの相律

する相の数と自由度に関する一般式を導く．

いま，図 6.1 に示すように，c 個の成分から成る多成分系で p 個の相が共存して平衡状態にあるとする．系全体の温度は T，圧力は P で均一であるとする．各相における組成には，$(c-1)$ 個の自由度がある*．この他に，T, P を自由に変えられるので，$(c+1)$ 個の自由度があることになる．相の数は p 個であるから全体としての自由度は $p(c+1)$ 個あることになる．

しかし，各相の温度・圧力が等しいということから

$$T^{(1)} = T^{(2)} = \cdots = T^{(p)} \tag{6.27}$$

$$P^{(1)} = P^{(2)} = \cdots = P^{(p)} \tag{6.28}$$

の関係がある．それぞれは，$(p-1)$ 個の関係式である**．また，c 個の成分について異なる相の間で物質の移動がないということから

$$\mu_1^i = \mu_2^i = \cdots \mu_p^i \quad (i = 1, 2, \cdots, c) \tag{6.29}$$

の関係がある．(6.27)～(6.29) 式における関係式の総数は $(p-1)(c+2)$ 個である．したがって，結局系の自由度は

$$f = p(c+1) - (p-1)(c+2)$$

$$f = c + 2 - p \tag{6.30}$$

である．これを**ギブズの相律**（Gibbs' phase rule）という．

これまで考えてきた成分の数というのは，**独立成分の数**（number of independent components）のことである．たとえば，$2NO_2 \rightleftarrows N_2O_4$ の平衡が成立している系では独立成分の数は 1 であり，$3H_2 + N_2 \rightleftarrows 2NH_3$ の平衡が成立している系では独立成分の数は 2 である．一般に，独立成分の数は，共存している物質の数から，平衡式の数を引いたものである．

---

* 残りの 1 個は自動的に定まる．たとえば，2 成分系では溶質の割合を定めれば溶媒の割合は自動的に定まる． ** 関係式の数は等号の数に等しい．

6.4 2成分系の液相—気相平衡

2成分系の場合，$c=2$ であるから，気・液・固のいずれかの相のみが存在する場合 ($p=1$)，系の自由度は，(6.30) 式より，$f=2+2-1=3$ となる．したがって，T,P の他に組成も自由に変えることができる．

このような系の状態図は，3次元空間の中でしか描かれず，2つの相が共存する領域は3次元空間内の曲面になる．そこで，2成分系の状態図を描く場合，温度もしくは圧力のいずれかを一定とする．その場合，状態図は2次元の平面図となる．

図 6.2(a) は，ベンゼン–トルエン系の 25°C における蒸気圧を，組成（ベンゼンのモル分率）に対してプロットしたものである．下の2本の線はベンゼンおよびトルエンの蒸気圧，上の線は全蒸気圧である．蒸気圧曲線はほぼ直線となっており，ベンゼンとトルエンの分圧および全蒸気圧，P_1, P_2, P について

$$P_1 = P_1^\circ x_1, \quad P_2 = P_2^\circ x_2 = P_2^\circ (1-x_1) \tag{6.31}$$

$$P = P_1 + P_2 = P_2^\circ + (P_1^\circ - P_2^\circ)x_1$$
$$= P_1^\circ + (P_2^\circ - P_1^\circ)x_2 \tag{6.32}$$

で近似されることがわかる*．ここで P_1°, P_2° はそれぞれ純粋なベンゼンとトルエ

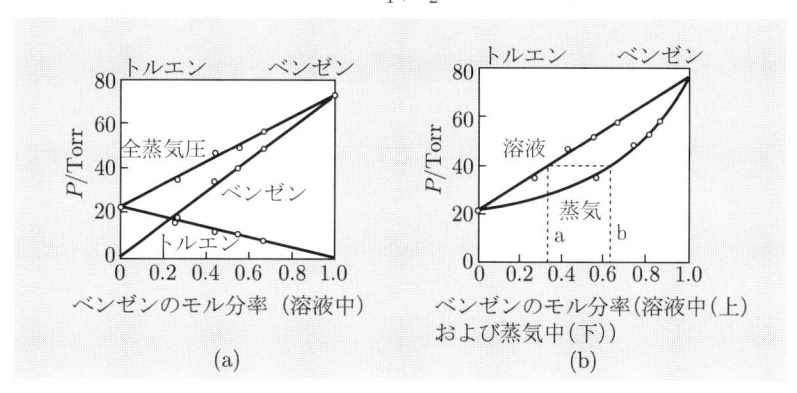

図 6.2 ベンゼン–トルエン溶液の蒸気圧–組成曲線 (25°C)

---

* $x_2 = 1 - x_1$.

ンの蒸気圧，x_1 と x_2 は溶液中のベンゼンとトルエンのモル分率である．(6.31) 式が厳密に成り立つ溶液を**理想溶液**（ideal solution）という．理想溶液については (6.31) 式が成り立つことは，Raoult によって見いだされたので，**ラウールの法則**とよばれている*．

理想溶液と共存する蒸気中の組成（モル分率）は，蒸気が理想気体とみなせるとして

$$y_1 = \frac{P_1}{P} = \frac{P_1^\circ x_1}{P_2^\circ + (P_1^\circ - P_2^\circ)x_1} \tag{6.33}$$

$$y_2 = \frac{P_2}{P} = \frac{P_2^\circ x_2}{P_1^\circ + (P_2^\circ - P_1^\circ)x_2} \tag{6.34}$$

となる．図 6.2(b) は液相および気相中のベンゼンの組成 (x_1 と y_1) に対して蒸気圧をプロットしたものである．$P \sim x_1$ のプロットを**液相線**，$P \sim y_1$ のプロットを**気相線**という．

図 6.3 は，$P = 1 \text{ atm}$ のもとでのベンゼン-トルエン系の沸点を x_1 および y_1 に対してプロットしたものである．この場合には，液相線も気相線も直線とはならない．液相線は**沸騰曲線**，気相線は**凝縮曲線**ともよばれる．$P =$ 一定とした図 6.3 のような状態図は，**沸点図**（沸点–組成図）ともよばれる．

沸点図は，分留の原理を示している．図 6.3 で破線が液相線および気相線と交わる点 a, b は，温度 T_b における液相と気相の組成 x_a, x_b を示している．この場合，ベンゼンの割合は気相中の方が多いことを示している．蒸気を集めて

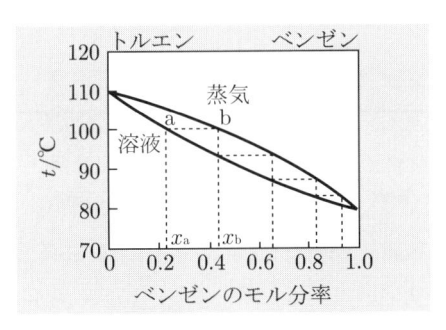

図 **6.3** ベンゼン–トルエン溶液の沸点–組成図 (1 atm)

---

* 理想溶液は，全組成にわたってラウールの法則が成り立つ溶液である，ともいえる．

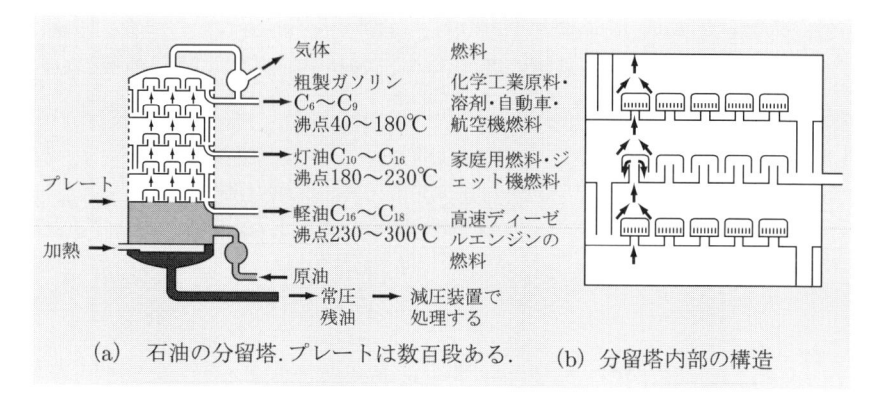

図 6.4 分留塔

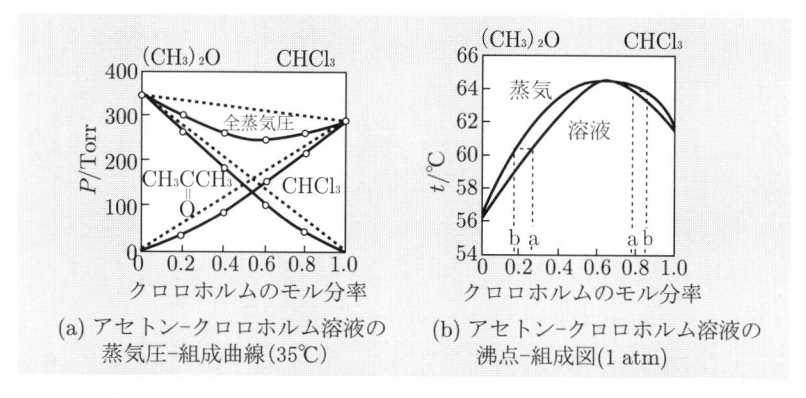

(a) 石油の分留塔．プレートは数百段ある．　(b) 分留塔内部の構造

図 6.5 アセトン–クロロホルム溶液の蒸気圧曲線と沸点図

(a) アセトン–クロロホルム溶液の蒸気圧-組成曲線(35℃)
(b) アセトン–クロロホルム溶液の沸点-組成図(1 atm)

凝縮させ，再び蒸発させると，さらにベンゼン濃度が高い蒸気が得られる．実際には，多数の中段をもつ蒸留塔を用いて，この一連の操作を連続的に行い分留を行っている (図 6.4)．

図 6.5 はアセトン–クロロホルム系の液相–気相平衡の温度一定 (a) および圧力一定 (b) における状態図を示したものである．図 6.5(a) における破線は，理想溶液とした場合の状態図に相当している．図に見られるように，各成分の蒸気圧はラウールの法則より下の方へずれており，したがって，全蒸気圧も小さくなっている．これは，アセトン–クロロホルム間にかなりの親和力が働くことを示している．蒸気圧が低くなるために，図 6.5(b) のように，沸点図は上へず

れる．気相線や液相線の極大は，全蒸気圧の極小に相当している．沸点図の極大の左と右とでは，共存する液相の組成 (a) と気相の組成 (b) の大小関係が逆になる．

沸点図における気相線・液相線の極大に相当する組成においては，液相と気相の組成が同じになり，したがって蒸発が進行しても組成が変らず，沸点も変らない．このような溶液を**共沸混合物**（azeotropic mixture）という．共沸混合物は，図 6.6 の沸点図のように，液相線や気相線が極小となる場合にも実現される．

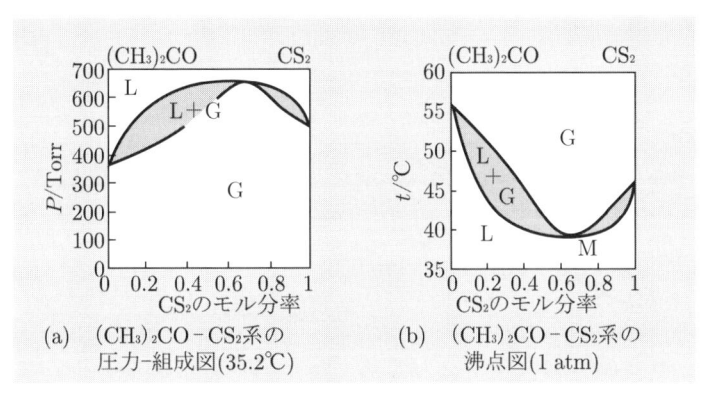

(a) $(CH_3)_2CO$-CS_2系の圧力-組成図(35.2℃)

(b) $(CH_3)_2CO$-CS_2系の沸点図(1 atm)

図 **6.6** アセトン–二硫化炭素系の蒸気圧曲線と沸点図

表 **6.1** 共沸混合物 (1 atm)

A 成分 (沸点/°C)	B 成分	
	極 小 沸 点	極 大 沸 点
水 (100)	エタノール (78.17, 4) 酢酸エチル (70.37, 90.6)	ギ 酸 (107.65, 25.5) 塩化水素 (108.584, 79.778) 硝 酸 (120.7, 32)
四塩化炭素 (76.7)	エタノール (65.04, 61.4)	
メタノール (64.7)	四塩化炭素 (56.2, 54.9) アセトン (55.5, 12)	
酢 酸 (118)	トルエン (104.4, 34.5) クロロベンゼン (114.65, 58.5)	ピリジン (138.1, 51.1)
トルエン (110.8)	エタノール (77.0, 18.2)	

( ) 中の数字は極小または極大沸点 (°C) とそのときの A 成分の組成 (wt %) を表わす．

6.5 2成分系の固相—液相平衡

この節では，2成分系の固相と液相が一定圧力（1 atm）下で共存する系の状態図について考察する．

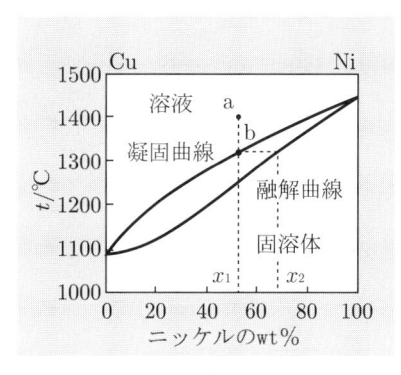

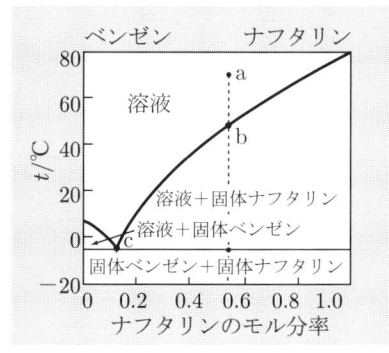

図 6.7 は銅-ニッケル系の固体-液体平衡の状態図である．この系では固相でも完全に溶け合って固溶体を形成するので，溶液-固溶体の平衡が全組成において成り立つ．a 点の溶液（組成 x_1）を冷却していくと，b 点で組成 x_2 に相当する固溶体が析出する．

図 6.7　Cu–Ni 系の状態図 (1 atm)　　**図 6.8**　ベンゼン-ナフタリン系の状態図 (1 atm)

図 6.8 は，固相において全く溶け合わないベンゼン-ナフタリン系の固相-液相平衡の状態図が示してある．この場合，a 点の溶液を冷却していくと，b 点で純粋なナフタリンの固体が析出しはじめ，溶液の組成と温度は曲線 b–c に沿って，動く．すなわち，液相中のベンゼンの割合が増大し，それとともに凝固点も低下していく．その間純粋なナフタリンが析出し続ける．系の状態が c 点に到達すると，ベンゼンとナフタリンの微細結晶が混在した固体が析出する．この場合には凝固が続いても組成も温度も変らない．このような微結晶の混合物を **共融混合物**（eutectic mixture）または **共晶**（eutectic crystals）という．

図 6.9 は銀-銅の系における固相-液相平衡の状態図を示したものである．この場合，銀に少量の銅が溶けた固溶体および銅に少量の銀が溶けた固溶体はできるが，任意の割合で混じり合うことはできない．したがって点 a から溶液を

6.5 2成分系の固相—液相平衡

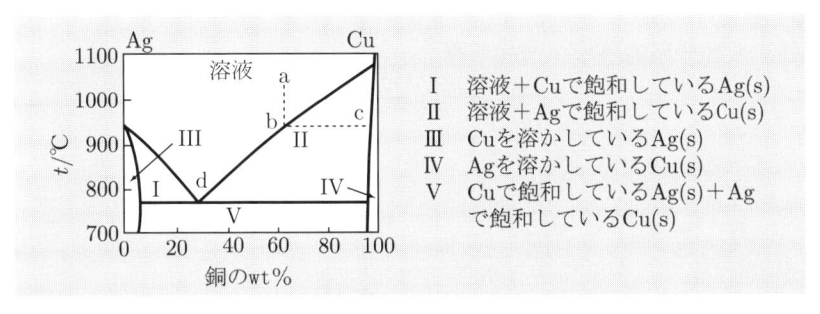

図 6.9 Au–Cu 系の状態図 (1 atm)

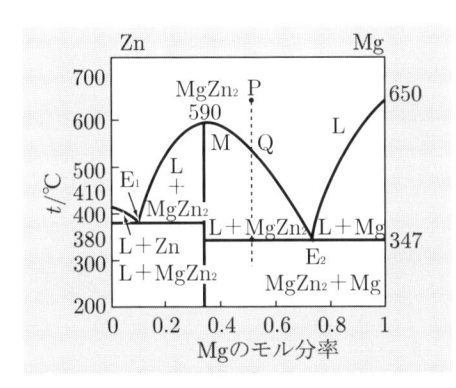

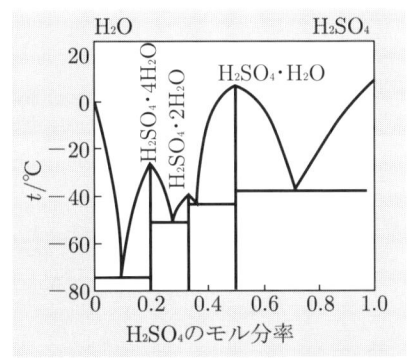

I 溶液+Cuで飽和しているAg(s)
II 溶液+Agで飽和しているCu(s)
III Cuを溶かしているAg(s)
IV Agを溶かしているCu(s)
V Cuで飽和しているAg(s)+Agで飽和しているCu(s)

図 6.10 亜鉛–マグネシウム系の融点図

図 6.11 H_2O–H_2SO_4 系の状態図 (1 atm)

冷却していくと，点bにおいて，銀で飽和した銅が析出する（点c）．析出が進むにつれ溶液中の銀の割合が増え，平衡点は曲線 b–d にそって移動し，系の温度が低下する．析出する固相中の銀の割合も少しずつ増加する．点 d に到達すると，銀で飽和した銅と銅で飽和した銀の微結晶からなる共晶が析出する．

図 6.10 は亜鉛–マグネシウム系の固相–液相平衡の状態図である．この系では，中間の組成で $MgZn_2$ という金属間化合物を形成し，状態図は Zn–$MgZn_2$ と $MgZn_2$–Mg の2つの系の状態図を合わせたものとなっている．$MgZn_2$ の融点に相当する点を**高融点**（dystetic point）という．図 6.11 は水–硫酸系の固相–液相平衡の状態図である．$H_2SO_4 \cdot H_2O$, $H_2SO_4 \cdot 2H_2O$ および $H_2SO_4 \cdot 4H_2O$ の3種の分子間化合物があることがわかる．

6.6 2成分系の液相−液相平衡

この節では，一定圧力（1 atm）下での2成分系の液相−液相平衡について考察する．

図6.12は，水−フェノール系 (a)，水−ジプロピルアミン系 (b)，および水−ニコチン系 (c) の1 atmにおける液相−液相平衡の状態図を示したものである．水−

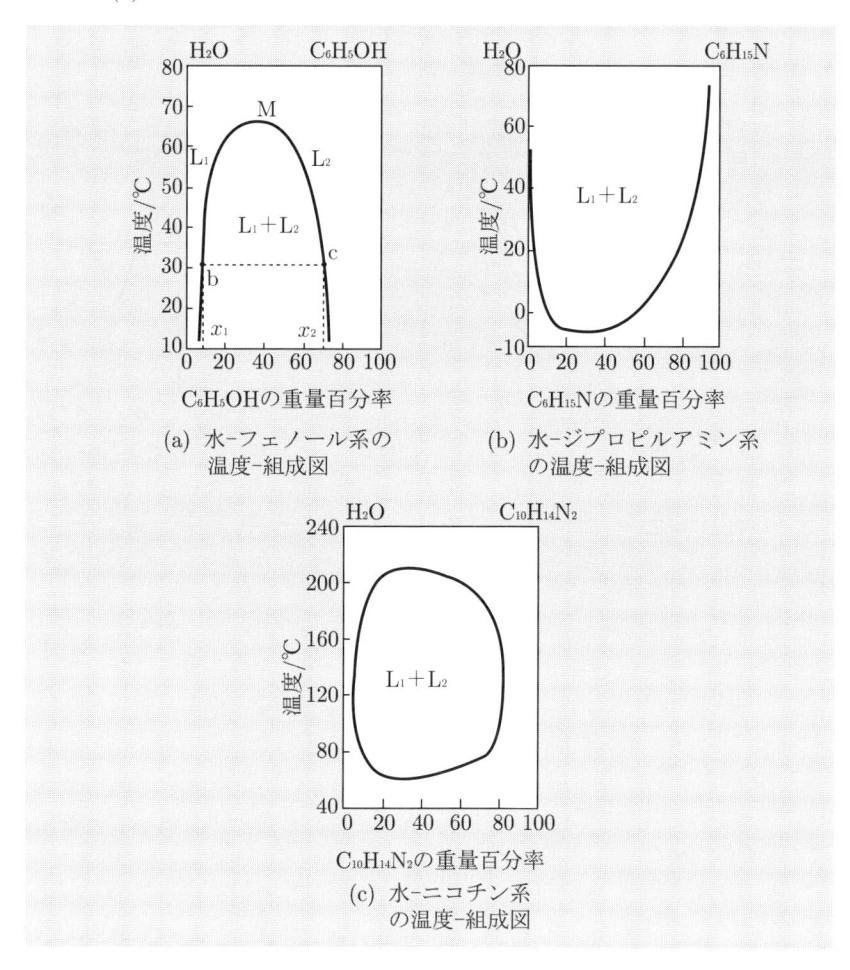

図 6.12 種々の2成分系における液相−液相平衡

フェノール系では，66.4°C 以下では 2 つの相が共存する．このときの系の自由度は (6.30) 式より $f = 2 + 2 - 2 = 2$ である．図のように圧力を固定すれば残る自由度は 1 で，さらに温度を一定とすれば自由度はゼロとなる．すなわち，共存する 2 つの相の組成は一意的に定まる．たとえば破線 b–c で示される温度では，水にフェノールが溶けた相の組成は x_1，フェノールに水が溶けた相の組成は x_2 である．

温度の上昇とともに共存する 2 つの相の組成は互いに近づき，66.4°C（点M）で両者は一致する．すなわち，均一な溶液となる．この温度を，**臨界共溶温度**[*]という．

図 6.12(b) は，下部に臨界共溶温度が現われる場合，(c) は上部と下部に臨界共溶温度が現われる場合である．

表 6.2 臨界共溶温度

A B	臨界温度 (°C)	A の溶解度 (wt %)
ア ニ リ ン–水	165	26.1
硫 黄–ベンゼン	164	65
イソブタノール–水	132.8	37
エチルメチルケトン–水	150	45.0
ジエチルアミン–水	143.5*	37.4
トリエチルアミン–水	18.46*	—

* は下部臨界温度，それ以外はすべて上部．

演 習 問 題

1 ベンゼンのモル分率 0.659 のベンゼン–トルエンの溶液の 1 atm における沸点は 88.0°C であった．この溶液から沸騰する蒸気の組成を求めよ．この温度でベンゼンおよびトルエンの蒸気圧はそれぞれ 957 Torr および 379.5 Torr である．

2 下図の沸点図において，点 O で表わされる蒸気を冷却していくとき，
 (a) A で生じる溶液相の組成
 (b) B での蒸気相と溶液相の組成
 (c) 液化が始まってから終わるまでの温度範囲
 を図上で求めよ．

---

[*] critical solution temperature. この場合，上部臨界共溶温度 upper consolute temperature ともいう．

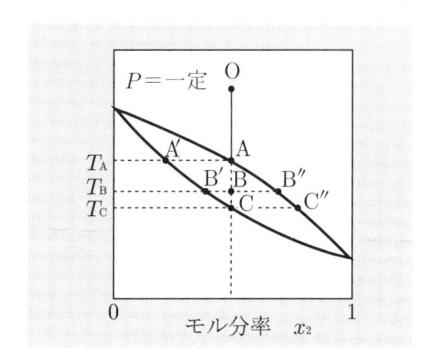

温度−組成曲線

3 ギ酸の標準沸点は 101°C である．1.01×10^5 Pa においてギ酸と水の系はギ酸 77.5 wt % において共沸混合物となり，共沸点は 107°C である．ギ酸−水系における温度−組成図 (沸点図) の概略を示し，共存する相を記入せよ．

4 下図は A, B 2 成分系の沸点図である（L_1 は純 A の液体，L_2 は B に少量の A が溶けた溶液）．
(1) Ⅰ の点の状態の混合物を冷却していくときの現象を，順を追って示せ．
(2) Ⅱ の点の状態の混合物を加温していくときの現象を，順を追って示せ．

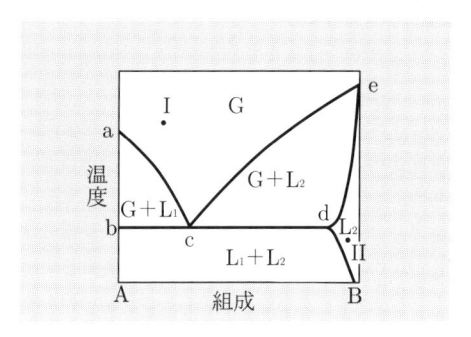

5 H_2O と NaCl の 2 成分系は 1 atm で NaCl 22.4 % のところに -21.2°C の共融点をもつ．状態図の要部を示し，それによって
(a) 氷水と NaCl とで寒剤がつくられることを説明し，
(b) 寒剤の最低温をうるための食塩の添加量は，ある量以上であれば大略でよいことを，相律の立場から示せ．ただし氷と塩化ナトリウムは固溶体を全くつくらない．

7 溶液の熱力学

7.1 理 想 溶 液

次の諸性質を満たす溶液を**理想溶液**（ideal solution）という．

$$\Delta V_{\text{mix}} = V_{\text{mix}} - (n_1 V_1^\circ + n_2 V_2^\circ) = 0 \tag{7.1}$$

$$\Delta U_{\text{mix}} = U_{\text{mix}} - (n_1 U_1^\circ + n_2 U_2^\circ) = 0 \tag{7.2}$$

$$\Delta S_{\text{mix}} = S_{\text{mix}} - (n_1 S_1^\circ + n_2 S_2^\circ) = -R(n_1 \ln x_1 + n_2 \ln x_2) \tag{7.3}$$

これらの式において，ΔX_{mix} は混合による変化量で，X_i° 等は純粋な i の 1 mol 当りの量である．(7.1)～(7.3) 式は理想混合気体に関する式 (6.18)～(6.20) 式と同じである．実際，(7.3) 式は理想気体の混合のエントロピー変化 (4.17) 式と同じである．

以上の式から次の 2 つの式が導かれる．

$$\Delta H_{\text{mix}} = \Delta U_{\text{mix}} + P\Delta V_{\text{mix}} = 0 \tag{7.4}$$

$$\Delta A_{\text{mix}} = \Delta G_{\text{mix}} = RT(n_1 \ln x_1 + n_2 \ln x_2) \tag{7.5}$$

これらの式は，理想溶液では混合の際に体積変化や内部エネルギーの変化がなく，したがって発熱も吸熱も起らず，また ΔS_{mix} は理想混合エントロピーとなることを示している．

(7.5) 式より，理想混合溶液の自由エネルギーは

$$G = n_1 G_1^\circ + n_2 G_2^\circ + RT(n_1 \ln x_1 + n_2 \ln x_2) \tag{7.6}$$

と書ける．したがって，混合物中の各成分の化学ポテンシャルは

$$\mu_i = \left(\frac{\partial G}{\partial n_i}\right)_{T,P,n_j} = G_i^\circ + RT \ln x_i \tag{7.7}$$

となる. G_i° は純粋な i のモル当りのギブズ自由エネルギーであるから, μ_i° と書ける. したがって, (7.7) 式は

$$\mu_i = \mu_i^\circ + RT \ln x_i \tag{7.8}$$

と書ける (p.89 脚注参照)*. (7.8) 式が理想溶液の熱力学的表現になっており, (7.1)〜(7.3) 式を (7.8) 式により導くことができる (演習問題 1). (7.8) 式は理想溶液に限らず, 理想混合気体などの理想混合系全般について成り立つ.

(7.8) 式からラウールの法則も導くことができる. 溶液と平衡にある蒸気も理想気体であるとすると, 蒸気および溶液中の i 成分の化学ポテンシャルは

$$\mu_i^{(g)} = \mu_i^{\circ(g)} + RT \ln x_i^{(g)} \tag{7.9}$$

$$\mu_i^{(\ell)} = \mu_i^{\circ(\ell)} + RT \ln x_i^{(\ell)} \tag{7.10}$$

である. ここで (g) は気相を示し, (ℓ) は液相を示す. 平衡状態では $\mu_i^{(g)} = \mu_i^{(\ell)}$ であるから, 次を得る.

$$\mu_i^{\circ(g)} + RT \ln x_i^{(g)} = \mu_i^{\circ(\ell)} + RT \ln x_i^{(\ell)} \tag{7.11}$$

$$x_i^{(g)} = x_i^{(\ell)} \exp\left(\frac{\mu_i^{\circ(\ell)} - \mu_i^{\circ(g)}}{RT}\right) \tag{7.12}$$

P_i を i 成分の分圧, P を全圧とすると, $x_i^{(g)} = P_i/P$ であるから, 上式は

$$P_i = P \exp\left(\frac{\mu_i^{\circ(\ell)} - \mu_i^{\circ(g)}}{RT}\right) x_i^{(\ell)} \tag{7.13}$$

となる. $x_i^{(\ell)} = 1$, すなわち純粋な i の場合

$$P_i^\circ = P \exp\left(\frac{\mu_i^{\circ(\ell)} - \mu_i^{\circ(g)}}{RT}\right) \tag{7.14}$$

であるから, (7.13) 式は

$$P_i = P_i^\circ x_i^{(\ell)} \tag{7.15}$$

と書ける. (7.15) 式はラウールの法則に他ならない.

---

* 上つきの $^\circ$ は純物質 ($x_i = 1$) に相当している. 他の基準状態 (気体では 1 atm, 溶液では重量モル濃度 $m = 1$ など) をとったときには $\mu_i^{\ominus}$ で表わす.

7.2 実在溶液と部分モル量

理想溶液では体積について加成性が成り立っているので，2成分混合物のモル体積は図7.1の実線のようになる．すなわち，混合物のモル体積を

$$v_{\mathrm{mix}} = V_{\mathrm{mix}}/(n_1 + n_2)$$

とすると次が成り立つ．

$$v_{\mathrm{mix}} = (n_1 V_1^\circ + n_2 V_2^\circ)/(n_1 + n_2) = x_1 V_1^\circ + x_2 V_2^\circ \tag{7.16}$$

しかし，実在溶液では一般に $\Delta V_{\mathrm{mix}} = 0$ とはならず，したがって，モル体積は図7.1の破線のように，加成性から上へずれたり，($\Delta V_{\mathrm{mix}} > 0$) あるいは下へずれたり ($\Delta V_{\mathrm{mix}} < 0$) する．この場合，$V_{\mathrm{mix}} = V(T, P, n_1, n_2)$ の全微分は

$$dV_{\mathrm{mix}} = \left(\frac{\partial V}{\partial T}\right)_{P, n_i} dT + \left(\frac{\partial V}{\partial P}\right)_{T, n_i} dP + \sum \left(\frac{\partial V}{\partial n_i}\right)_{T, P, n_j} dn_i \tag{7.17}$$

となる．ここで添字 n_j はこれまでどおり i 以外の物質量を一定とすることを意味している．T, P 一定の条件下では

$$dV_{\mathrm{mix}} = \sum \left(\frac{\partial V}{\partial n_i}\right)_{T, P, n_j} dn_i = \sum \bar{V}_i \, dn_i \tag{7.18}$$

となる．ここで

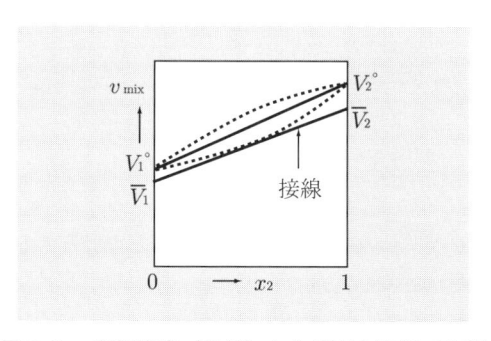

図 7.1 理想溶液（実線）および実在溶液（破線）の v_{mix} の組成依存性．
V_1°, V_2° は 1,2 のモル体積．

$$\bar{V}_i = \left(\frac{\partial V}{\partial n_i}\right)_{T,P,n_j} \tag{7.19}$$

は i の**部分モル体積**[*]とよばれている．ギブズエネルギーについての (6.8)～(6.11) 式の議論をそのまま用いると，(7.18) 式と (7.19) 式より次を得る．

$$V_{\mathrm{mix}} = \sum n_i \bar{V}_i, \quad v_{\mathrm{mix}} = \sum x_i \bar{V}_i \tag{7.20}$$

(7.20) 式は，ある組成（ある x_i の値）における混合物の体積は，その組成における部分モル体積について，理想溶液と同じような加成性が成り立つという意味である．図 7.1 に $\bar{V}_i$ の意味が示してある．すなわち，2 成分の実在溶液のモル体積の組成依存性が図 7.3 の下側の破線であったとすると，その溶液の両成分の部分モル体積は，破線の接線が $x_1 = 1$ および $x_2 = 1$ の縦軸と交わる点になる．当然のことながら，接点すなわち部分モル体積は組成に依存する．

(6.8) 式と (7.19) 式の比較により，化学ポテンシャルは定温・定圧の条件下での部分モルギブズエネルギーであることがわかる．G は完全微分量であるから，(1.26) 式より

$$\left[\frac{\partial}{\partial P}\left(\frac{\partial G}{\partial n_i}\right)_{T,P,n_j}\right]_{T,n_i} = \left[\frac{\partial}{\partial n_i}\left(\frac{\partial G}{\partial P}\right)_{T,n_i}\right]_{T,P,n_j} \tag{7.21}$$

が成り立つ．したがって，(6.8) 式と (5.23) 式とから

$$\left(\frac{\partial \mu_i}{\partial P}\right)_{T,n_i} = \left(\frac{\partial V}{\partial n_i}\right)_{T,P,n_j} = \bar{V}_i \tag{7.22}$$

を得る．同様にして

$$\left(\frac{\partial \mu_i}{\partial T}\right)_{P,n_i} = -\left(\frac{\partial S}{\partial n_i}\right)_{T,P,n_j} = -\bar{S}_i \tag{7.23}$$

が得られる．ここで $\bar{S}_i$ は i 成分の部分モルエントロピーである．

部分モル量はいずれも示強性の量である．

---

[*] partial molar volume；部分（partial）というのは partial derivative（偏導関数）により定義される量という意味である．

7.3 ギブズ・デュエムの式

(7.20) 式を微分すると

$$dV_\mathrm{mix} = \sum \bar{V}_i\, dn_i + \sum n_i d\bar{V}_i \tag{7.24}$$

となる．これと (7.18) 式とから

$$\sum n_i d\bar{V}_i = 0 \tag{7.25}$$

が得られる．これを**ギブズ・デュエム**（Gibbs-Duhem）の式という．

ギブズ・デュエムの式を用いると，他の部分の $\bar{V}_j$ の値から残りの成分の $\bar{V}_i$ の値を求めることができる．たとえば，2 成分系では

$$d\bar{V}_2 = -\frac{n_1}{n_2} d\bar{V}_1 \tag{7.26}$$

となり，一方の成分の部分モル体積の変化がわかれば，他の成分の部分モル体積の値は計算によって求めることができる．図 7.2 に水-エタノール系の水およびエタノールの部分モル体積の組成依存性が示してある．

全く同様にして，化学ポテンシャルについてもギブズ・デュエムの式

$$\sum n_i d\mu_i = 0, \quad d\mu_2 = -\frac{n_1}{n_2} d\mu_1 \quad (2\,成分系) \tag{7.27}$$

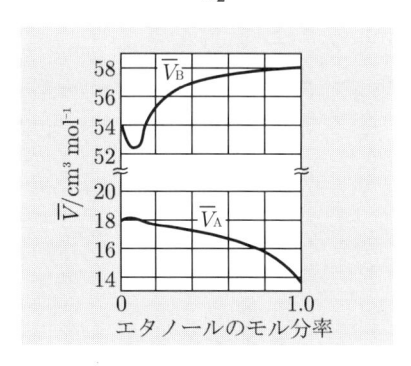

図 **7.2** 水-エタノール系の部分モル体積（20°C）
A：水，B：エタノール

を導くことができる．したがって，2成分系では，一方の成分の化学ポテンシャルの組成依存性がわかれば他方の成分の化学ポテンシャルを計算によって求めることができる．

7.4 理想溶液の熱力学的性質

(1) ヘンリー（Henry）の法則

A, B 2成分からなる理想溶液が T, P 一定の条件下でその蒸気と平衡状態にある場合

$$\mu_A^{(g)} = \mu_A^{(\ell)}, \quad \mu_B^{(g)} = \mu_B^{(\ell)} \tag{7.28}$$

が成り立っている．蒸気も理想混合気体とすると (7.8) 式より

$$\mu_A^{\circ(g)} + RT \ln x_A^{(g)} = \mu_A^{\circ(\ell)} + RT \ln x_A^{(\ell)} \tag{7.29}$$

$$\mu_B^{\circ(g)} + RT \ln x_B^{(g)} = \mu_B^{\circ(\ell)} + RT \ln x_B^{(\ell)} \tag{7.30}$$

が成り立つ．溶媒を A，溶質を B とすると，(7.30) 式は

$$x_B^{(g)} = x_B^{(\ell)} \exp\left[(\mu_B^{\circ(\ell)} - \mu_B^{\circ(g)})/RT\right] \tag{7.31}$$

となる．理想気体については分圧の法則 $P_B = x_B^{(g)} P$ （P は全圧）が成り立つから，上式の両辺に P を乗じると

$$P_B = K_B x_B^{(\ell)} \tag{7.32}$$

$$K_B \equiv P \exp\left[(\mu_B^{\circ(\ell)} - \mu_B^{\circ(g)})/RT\right] \tag{7.33}$$

となる．したがって，K_B は T, P のみに依存し組成に依存しない定数である．K_B はヘンリーの定数とよばれている．表 7.1 に，水に対する気体の溶解度が示してある．表からわかるように，気体の溶解度は温度の上昇とともに低下する．

(7.32) 式は，溶質の平衡蒸気圧が溶液中のモル分解に比例することを示している．とくに希薄溶液の場合，w を質量（kg），M を分子量，m を質量モル濃度とすると

7.4 理想溶液の熱力学的性質

表 7.1 気体の水に対する溶解度
（ブンゼンの吸収係数*）

温度 °C	H_2 $\alpha \times 10^2$	N_2 $\alpha \times 10^2$	O_2 $\alpha \times 10^2$
0	2.14	2.31	4.89
10	1.95	1.83	3.80
15	1.88	1.66	3.42
20	1.82	1.52	3.10
25	1.75	1.41	2.83
30	1.70	1.32	2.61
40	1.64	1.16	2.31
50	1.61	1.07	2.09
60	1.60	1.02	1.95
70	1.60	0.98	1.83
80	1.60	0.96	1.76
90	1.60	0.95	1.72
100	1.60	0.95	1.70

*1 atm で単位体積の溶媒に溶ける気体の体積を 0°C, 1 atm に換算.

$$x_B^{(l)} = \frac{n_B}{n_A + n_B} \doteq \frac{n_B}{n_A} = \frac{n_B}{w_A/M_A} = M_A m_B \tag{7.34}$$

となり，x_B は B の濃度に比例する．したがって，(7.32) 式は，揮発性の溶質の平衡圧力（分圧）は溶液中の溶質の濃度に比例するという，**ヘンリーの法則**の熱力学的な証明となっている．気体の溶解度は，分圧が 1 atm のとき溶媒 1 ml に溶解する気体の体積（0°C, 1 atm に換算）として表わしたブンゼンの吸収係数やヘンリーの定数（Torr）などで表わされる．

(2) 蒸気圧降下

理想溶液についてはラウールの法則 (7.15) が成り立つので，溶媒の蒸気圧について

$$\frac{P_A^\circ - P_A}{P_A^\circ} = 1 - x_A^{(\ell)} = x_B^{(\ell)} \tag{7.35}$$

が成り立つ．$P_A^\circ - P_A$ は溶質が存在することによる溶媒の蒸気圧の降下に他ならない．これを ΔP_A と書くと，ΔP_A は溶質のモル分率に比例する．とくに希薄溶液については，(7.34) 式を用いて

$$\varDelta P_{\mathrm{A}} = P_{\mathrm{A}}^{\circ} x_{\mathrm{B}}^{(\ell)} \fallingdotseq M_{\mathrm{A}} P_{\mathrm{A}}^{\circ} m_{\mathrm{B}} \tag{7.36}$$

となる．すなわち溶媒の蒸気圧降下は溶質の質量モル濃度に比例する*．

(3) **沸点上昇と凝固点降下**

溶質が不揮発性の場合，溶質の存在のために溶媒の蒸気圧が低下し，そのために沸点が上昇する (図 7.3)．この現象を**沸点上昇**という．理想溶液・理想気体の近似を行うと，沸点における気相–液相の平衡より，溶媒 A について

$$\mu_{\mathrm{A}}^{\circ(\mathrm{g})} + RT \ln P_{\mathrm{A}} = \mu_{\mathrm{A}}^{\circ(\ell)} + RT \ln x_{\mathrm{A}}^{(\ell)} \tag{7.37}$$

の関係がある．ここで $\mu_{\mathrm{A}}^{\circ(\mathrm{g})}$ は $P_{\mathrm{A}} = 1$ (atm) のときの A の化学ポテンシャルである．沸点においては $P_{\mathrm{A}} = 1\,\mathrm{atm}$ であるから

$$\mu_{\mathrm{A}}^{\circ(\mathrm{g})} - \mu_{\mathrm{A}}^{\circ(\ell)} = RT \ln x_{\mathrm{A}}^{(\ell)} \tag{7.38}$$

となる．ギブズ・ヘルムホルツの式 (5.31) より，$\bar{H}_i$ を i 成分の部分モルエンタルピーとすると

$$\begin{aligned}
&\frac{1}{T^2}\left(\frac{\partial \varDelta H}{\partial n_i}\right) = -\left\{\frac{\partial}{\partial n_i}\left[\frac{\partial}{\partial T}\left(\frac{\varDelta G}{T}\right)\right]_P\right\} = -\left\{\frac{\partial}{\partial T}\left[\frac{\partial}{\partial n_i}\left(\frac{\varDelta G}{T}\right)\right]\right\}_P \\
&\frac{1}{T^2}\varDelta \bar{H}_i = -\frac{\partial}{\partial T}\left(\frac{\varDelta \mu_i}{T}\right)_P
\end{aligned} \tag{7.39}$$

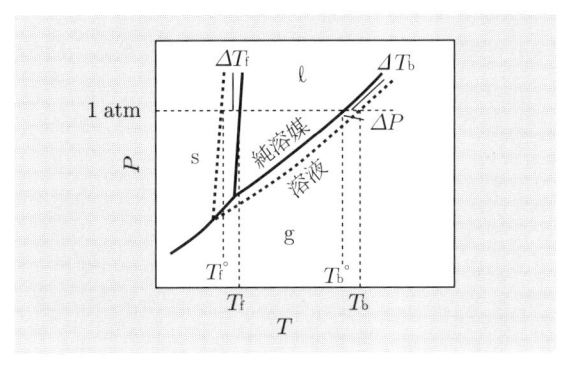

図 **7.3** 蒸気圧降下と沸点上昇および凝固点降下

---

* 実在溶液でも希薄溶液では理想溶液近似が成り立つ．

7.4 理想溶液の熱力学的性質

の関係式が成り立つので，(7.38) 式を用いると

$$\frac{\bar{H}_\text{A}^{\circ(\text{g})} - \bar{H}_\text{A}^{\circ(\ell)}}{T^2} = -\left\{\frac{\partial}{\partial T}\left[\frac{\mu_\text{A}^{\circ(\text{g})}}{T} - \frac{\mu_\text{A}^{\circ(\ell)}}{T}\right]\right\}_P$$

$$= -\left[\frac{\partial}{\partial T}(R\ln x_\text{A})\right]_P = -R\left(\frac{\partial \ln x_\text{A}}{\partial T}\right)_P \quad (7.40)$$

となる．$\bar{H}_\text{A}^{\circ(\text{g})} - \bar{H}_\text{A}^{\circ(\ell)} = \Delta H_\text{v}$ はモル気化熱である．ΔH_v が温度に依らないとして (7.40) 式を積分すると

$$-\int_0^{\ln x_\text{A}} d(\ln x_\text{A})' = \frac{\Delta H_\text{v}}{R}\int_{T_0}^{T_\text{b}}\frac{dT}{T^2}$$

$$-\ln x_\text{A} = \frac{\Delta H_\text{v}(T_\text{b} - T_0)}{RT_\text{b}T_0} = \frac{\Delta H_\text{v}}{RT_\text{b}T_0}\Delta T_\text{b} \quad (7.41)$$

となる．ここで T_0 は純粋な A の沸点，T_b は溶液の沸点，$\Delta T_\text{b} = T_\text{b} - T_0$ が沸点上昇である．希薄溶液では $T_\text{b} \doteqdot T_0$ である．また $x_\text{B} \ll 1$ だから (7.34) 式より

$$-\ln x_\text{A} = -\ln(1 - x_\text{B}) \doteqdot x_\text{B} \doteqdot M_\text{A}m_\text{B}$$

と近似できるので，(7.41) 式は

$$\Delta T_\text{b} = \frac{RT_0^2 M_\text{A}}{\Delta H_\text{v}}m_\text{B} = K_\text{b}m_b \quad (7.42)$$

となる．すなわち，沸点上昇は溶質の質量モル濃度に比例する．K_b は $m_\text{B} = 1$ のときの沸点上昇で，**モル沸点上昇定数*** とよばれており，溶媒に固有の定数である．すなわち K_b は溶質に依存しない．ただし，電解質溶液では電離のために実質上溶質の量が増大する（第 9 章参照）．

溶液から溶媒の固体が析出する場合** の凝固点についても，沸点上昇の場合と全く同様の取り扱いができる．すなわち，固体中の溶媒 A の化学ポテンシャルを $\mu_\text{A}^{\circ(\text{s})}$ とすると，平衡条件は

---

*　ebullioscopic constant あるいは boiling point elevation constant.
**　固溶体をつくらず，純粋な溶媒の固体が析出する場合．

表 7.2　モル沸点上昇定数

溶　媒	沸点 θ_c/°C	K_b/kg K mol^{-1}
水	100.0	0.51
エタノール	78.4	1.22
アセトン	56.2	1.71
ジエチルエーテル	34.6	2.02
ベンゼン	80.1	2.53
クロロホルム	61.3	3.63

$$\mu_A^{\circ(s)} = \mu_A^{(\ell)} = \mu_A^{\circ(\ell)} + RT \ln x_A \tag{7.43}$$

である．これより，上述の場合と全く同様にして

$$\ln x_A = \frac{\Delta H_f (T_f - T_0)}{RT_f T_0} \tag{7.44}$$

$$\Delta T_f = K_f m_B, \quad K_f = \frac{RT_0^2 M_A}{\Delta H_f} \tag{7.45}$$

を得る．ここで ΔH_f はモル凝固エンタルピー変化，T_f は溶液からの凝固温度，T_0 は純粋な A の凝固温度である．ΔT_f は**凝固点降下度**，K_f は**モル凝固降下定数*** とよばれている．

表 7.3　モル凝固点降下定数

溶　媒	凝固点 θ_c/°C	K_f/kg K mol^{-1}
水	0.00	1.86
酢　酸	16.6	3.90
ベンゼン	5.5	5.12
ブロモホルム	7.8	14.4
シクロヘキサン	6.5	20
ショウノウ	173	40

(4)　**分配係数**

互いに混じり合わない 2 種の液体が接触して，それらに共通の溶質 B が溶けて平衡状態になっている系を考える（図 7.4）．それぞれの液相を (1), (2) で表わすと，平衡状態で両液相中の溶質 B の化学ポテンシャルは等しいから

---

*　molar depression of freezing point constant または molar depression constant．

7.4 理想溶液の熱力学的性質

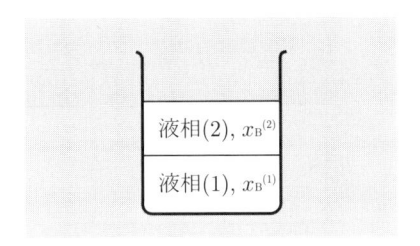

図 7.4 互いに混じらない溶媒への溶質 B の分配

$$\mu_B^{\circ(1)} + RT \ln x_B^{(1)} = \mu_B^{\circ(2)} + RT \ln x_B^{(2)} \tag{7.46}$$

の関係がある．ここで，$x_B^{(1)}, x_B^{(2)}$ はそれぞれ相 (1) および (2) における溶質のモル分率である．そこで

$$\frac{x_B^{(1)}}{x_B^{(2)}} = \exp\left(\frac{\mu_B^{\circ(2)} - \mu_B^{\circ(1)}}{RT}\right) = K(T, P) \tag{7.47}$$

となる．右辺は温度・圧力のみの関数で，**分配係数**とよばれている．モル分率の代りに濃度を用いて分配係数を表わすこともできる．

分配係数は溶媒による抽出，クロマトグラフィー，帯融解などによる物質の分離精製において基本的な定数となっている．

(5) 浸透圧

溶媒だけを通し溶質を通さない**半透膜**（semipermeable membrane）で溶媒と溶液とが隔てられているとき，溶媒の側から溶液の側へと溶媒が移動する．この現象を**浸透**（osmosis）という．浸透は濃度が異なる溶液が半透膜で隔てられている場合にも起る．浸透を抑止するためには，溶液側から圧力を加えなければならない（図 7.5）．この圧力を**浸透圧**（osmotic pressure）という．

浸透圧の熱力学的取り扱いも分配の場合と同様な考えから出発する．ただしこの場合は溶媒の化学ポテンシャルが異なった圧力下において等しくなる，という条件を設定しなければならない．溶媒側の圧力（通常は大気圧）を P_0，溶液側の圧力を P とすると，平衡条件は

$$\mu_A^\circ(T, P_0) = \mu_A^\circ(T, P) + RT \ln x_A \tag{7.48}$$

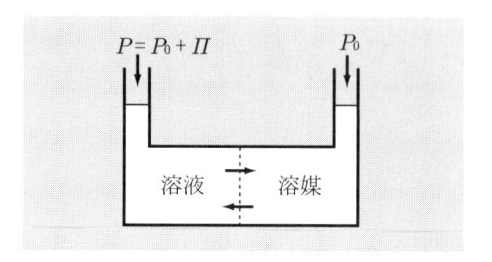

図 7.5　浸透圧

余分の圧力 Π によって溶液側からの浸透速度は溶媒側からの浸透速度に等しくなる．

である．化学ポテンシャルの圧力依存性は (7.22) 式より

$$\int_{P_0}^{P} \left(\frac{\partial \mu_A^\circ}{\partial P}\right) dP = \int_{P_0}^{P} \bar{V}_A dP \tag{7.49}$$

となる．ここで $\bar{V}_A$ は純粋な A の部分モル体積，すなわち溶媒のモル体積 V_A に他ならない（左辺の μ_A° は $x_A = 1$ のときの化学ポテンシャルであることに注意）．V_A を圧力によらないとすると，(7.49) 式の両辺を積分して

$$\mu_A^\circ(T, P) - \mu_A^\circ(T, P_0) = V_A(P - P_0) = V_A \Pi \tag{7.50}$$

となる．ここで $\Pi = P - P_0$ は浸透圧である．(7.48) 式と (7.50) 式とから

$$\begin{aligned} V_A \Pi &= -RT \ln x_A \\ &= -RT \ln(1 - x_B) \doteqdot RT x_B \\ &\doteqdot RT n_B / n_A \end{aligned} \tag{7.51}$$

となる．ここで $x_B \ll 1, n_A + n_B \doteqdot n_A$ という希薄溶液の近似が用いてある．$V_A n_A$ は溶媒の体積で，希薄溶液では溶液の体積 V にほぼ等しいから，結局

$$\Pi V = n_B RT \tag{7.52}$$

を得る．(7.52) 式はファント・ホッフ（Van't Hoff）の式とよばれている．ファント・ホッフの式は浸透圧が理想気体の圧力と同じ式で表わされることを示し

ており，19 世紀末から 20 世紀前半にかけての溶液論の発展の基礎として重要な役割を果した．

7.5 活量と活量係数

第 6 章で述べたように，実在溶液では一般にはラウールの法則は成り立たない．したがって，各成分の化学ポテンシャルは，(7.8) 式では表わせなくなる．実在溶液では，(7.8) 式の代りに

$$\mu_i = \mu_i^\circ + RT \ln a_i \tag{7.53}$$

と書く．ここで a_i は i 成分の熱力学的な実効濃度で，**活量**（activity）〔**相対活量**（relative activity）〕という．実際の濃度（モル分率）との比

$$f_i = \frac{a_i}{x_i} \tag{7.54}$$

は**活量係数**（activity coefficient）という[*]．

活量係数は 1 よりも大きいこともあれば，1 よりも小さいこともある．たとえば図 6.6 に状態図を示したアセトン–二硫化炭素系では，両成分の蒸気圧はラウールの法則よりも上方へずれている．したがって，両成分の活量係数は 1 よりも大きい．他方，図 6.5 に状態図を示したアセトン–クロロホルム系では両成分の蒸気圧はラウールの法則よりも下方へずれている．この場合には両成分の活量係数は 1 よりも小さくなっている．活量係数が 1 より小さくなるのは，アセトン–クロロホルム間の分子間引力の方が，アセトン間およびクロロホルム間の分子間引力よりも大きいためである．このことは，アセトン–クロロホルム間の水素結合の形成によって説明される（図 7.6）．

後述（第 9 章）のように，電解質溶液では溶質の活量係数は濃度の増大とともにいちじるしく小さくなる．これは，正負両イオン間のクーロン引力のためにイオンの活量が小さくなるからである．

---

[*] 質量モル濃度 $m = 1$ などを基準状態にとったときは $\mu_i = \mu_i^\ominus + RT \ln a_i$ となる．また，質量モル濃度との比で定義した活量係数には記号 γ を用いる（132 ページ (9.14) 式参照）．

図 **7.6** アセトン–クロロホルム分子間の水素結合

演 習 問 題

1 (7.8) 式より (7.1)〜(7.3) 式を導け.

2 次の溶液から 1 mol の純粋なベンゼンを分離するために必要な最小の仕事量を求めよ (25°C).
  (1) 大量のベンゼンとトルエンから成るモル分率 $x_1 = x_2 = 0.5$ の溶液
  (2) 1 mol のベンゼンと 1 mol のトルエンとからなる溶液

3 2 成分溶液 (A, B) と固体 A, 気体 A の 3 相共存の平衡状態を考える (B は固相にも気相にもはいらないとする).
  (1) この系の自由度を記せ.
  (2) 平衡条件を記せ.
  (3) 溶液の濃度を変えるとき (P, T) は純粋物質 A の昇華曲線上を動くことを示せ.

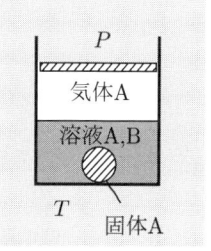

4 HCl の水に対する溶解度は蒸気圧 P_{HCl} が十分小さいときは $(P_{HCl})^{1/2}$ に比例することを示せ.

5 (1) 下図のような系の平衡条件を記せ.
  (2) 溶液が希薄であるとして浸透圧 Π を表わす式を導け.

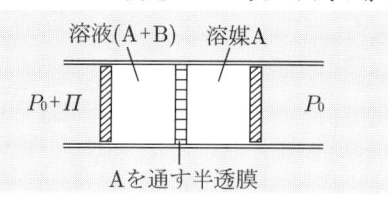

6 (1) ギブズ・ヘルムホルツの式を誘導せよ.
  (2) 上の結果を用いて,固体溶質 B の溶解度をモル分率 x_B で表すと,近似的に次の関係が成り立つことを証明せよ.

$$\ln x_B = \frac{\Delta H_f}{R}\left(\frac{1}{T_m} - \frac{1}{T}\right)$$

ここで ΔH_f はモル融解熱,T_m は融点である.

8 化 学 平 衡

8.1 化学反応と反応進行度

a mol の A と b mol の B とが反応して c mol の C と d mol の D を生成する反応を

$$a\mathrm{A} + b\mathrm{B} = c\mathrm{C} + d\mathrm{D}$$

と表わしたものを，**化学反応式**という．反応式の左辺に**反応体**（reactant）A，B を，右辺に**生成体**（product）C, D を書く．これらの係数 a, b, c, d は**化学量論係数**（stoichiometric coefficient）とよばれている．反応式は一般化して

$$0 = \sum \nu_i \mathrm{A}_i \tag{8.1}$$

と表わすことができる．化学量論係数 ν_i は反応体で負，生成体で正となる．たとえば，アンモニアの生成反応

$$3\mathrm{H}_2 + \mathrm{N}_2 = 2\mathrm{NH}_3 \tag{8.2}$$

では，$\nu_1 = -3, \nu_2 = -1, \nu_3 = 2$ となる．

アンモニアの生成反応において，NH_3 が 2 mol 生成するとき，H_2 は 3 mol 減少し，N_2 は 1 mol 減少する．したがって，反応に伴う各成分の変化量には

$$\frac{\Delta n_{\mathrm{H}_2}}{-3} = \frac{\Delta n_{\mathrm{N}_2}}{-1} = \frac{\Delta n_{\mathrm{NH}_3}}{2} \tag{8.3}$$

の関係がある．ここで n_i は i 成分の物質量である．一般に，(8.1) 式で表わされる化学反応に於ても，反応に伴う各成分の物質量の微小変化 dn_i については

$$\frac{dn_1}{\nu_1} = \frac{dn_2}{\nu_2} = \cdots = d\xi \tag{8.4}$$

の関係がある．$d\xi$ は成分に無関係で，反応系に於る反応の微小進行量を一般的

に表わしている．ξ は化学反応の進行度を表わすパラメーターで，**反応進行度**（extent of reaction）とよばれている．ξ の単位は mol で，反応開始時には $\xi = 0\,\mathrm{mol}$ である．$\xi = 1\,\mathrm{mol}$ のとき反応は 1 単位進んだことになる．(8.4) 式より，$\Delta \xi$ mol だけの反応の進行に対して，各成分の物質量の変化は

$$\Delta n_i = \nu_i \Delta \xi, \quad dn_i = \nu_i d\xi \tag{8.5}$$

となる．

8.2 平衡定数と自由エネルギー

いま，温度・圧力が一定の条件下で，反応系が平衡状態にある場合について考える．定温・定圧で反応進行度が ξ から $\xi + d\xi$ まで変化したときの系のギブズエネルギーの変化は，(6.6) 式と (8.5) 式より

$$\begin{aligned}(dG)_{T,P} &= \sum \mu_i dn_i \\ &= \sum \nu_i \mu_i d\xi\end{aligned} \tag{8.6}$$

となる．したがって

$$(\partial G/\partial \xi)_{T,P} = \sum \nu_i \mu_i \tag{8.7}$$

である．反応系が平衡状態に達しているときは $(\partial G/\partial \xi) = 0$ であるから

$$\sum \nu_i \mu_i = 0 \tag{8.8}$$

が平衡条件となる．$-\sum \nu_i \mu_i$ は**親和力**（affinity）とよばれており，記号 A で表わす．親和力は反応系の反応力（反応のポテンシャリティ）を表わす量となっている．親和力を用いると，平衡条件は以下のように表わすこともできる．

$$A = 0 \tag{8.9}$$

アンモニアの生成反応系 (8.2) について (8.8) 式あるいは (8.9) 式を具体的に書けば，次のようになる．

$$2\mu_{\mathrm{NH_3}} - (3\mu_{\mathrm{H_2}} + \mu_{\mathrm{N_2}}) = 0 \tag{8.10}$$

8.3 圧平衡定数と濃度平衡定数

アンモニア生成反応系において，理想気体の近似が成り立つとすると，各成分の化学ポテンシャルについて，(6.26) 式が成り立つ．標準圧力 ($P^{\ominus} = 1\,\text{atm}$, $1.01 \times 10^5\,\text{Pa}$) を基準にとった場合，$\mu_i = \mu_i^{\ominus} + RT \ln P_i$ と表わされるので，これを (8.10) 式に代入して整理すると

$$2\mu_{\text{NH}_3}^{\ominus} - (3\mu_{\text{H}_2}^{\ominus} + \mu_{\text{N}_2}^{\ominus}) + RT \ln \left[\frac{P_{\text{NH}_3}^2}{P_{\text{H}_2}^3 P_{\text{N}_2}} \right]_e = 0 \qquad (8.11)$$

を得る．ここで [ ]$_e$ の添字 e は平衡状態にあるときの各成分の分圧の値を意味している．$\Delta G^{\ominus} = 2\mu_{\text{NH}_3}^{\ominus} - (3\mu_{\text{H}_2}^{\ominus} + \mu_{\text{N}_2}^{\ominus})$ と書くと，(8.11) 式は

$$\Delta G^{\ominus} = -RT \ln \left[\frac{P_{\text{NH}_3}^2}{P_{\text{H}_2}^3 P_{\text{N}_2}} \right]_e \qquad (8.12)$$

となる*．

$\mu_{\text{H}_2}^{\ominus}$ などは，それぞれの物質が標準圧力（1 atm）のときの純物質のモルギブズエネルギーであるから**，$\Delta G^{\ominus}$ は標準状態にある純粋な H_2 3 mol と純粋な N_2 1 mol とが同じく標準状態にある純粋な NH_3 2 mol に変化したときのギブズエネルギー変化で，一般に**標準ギブズエネルギー変化**（standard Gibbs energy change）とよばれている．しかし，$\mu_i^{\ominus}$ は温度の関数であるから，$\Delta G^{\ominus}$ も温度の関数である．したがって，(8.12) 式の右辺の [ ]$_e$ の値も温度の関数で，T が一定のときは定数となる．すなわち

$$\Delta G^{\ominus} = -RT \ln K_P^{\ominus} \qquad (8.13)$$

と書くと，$K_P^{\ominus}$ は温度だけの関数である．$K_P^{\ominus}$ を**標準圧平衡定数**という．(8.13) 式を用いると (8.12) 式は

---

* [ ] の P_i は $(P_i/P^{\ominus})$ はそれぞれ無次元の数であるから [ ] 内は単なる値である．
** $\mu_i = \mu_i^{\ominus} + RT \ln (P_i/P^{\ominus})$ と書くとわかりやすい．$P_i = P^{\ominus}$ のとき $\mu_i = \mu_i^{\ominus}$ となる．

$$K_P^{\ominus} = \left[\frac{P_{\mathrm{NH}_3}^2}{P_{\mathrm{H}_2}^3 P_{\mathrm{N}_2}}\right]_e \tag{8.14}$$

となる．[ ]$_e$ の値が各成分の分圧や濃度にかかわらず一定となるということは，1864 年 Guldberg（グルベルグ）と Waage（ヴォーゲ）によって明らかにされた．これを**質量作用の法則***という．

一般的に表わされた平衡条件 (8.8) 式に対しては，(8.14) 式は

$$K_P^{\ominus} = \prod_i P_i^{\nu_i} \tag{8.15}$$

となる．(8.2) 式の約束にしたがって ν_i は反応系については負，生成系に対しては正であるから，(8.15) 式は

$$K_P^{\ominus} = \frac{P_{\mathrm{L}}^{\nu_{\mathrm{L}}} P_{\mathrm{M}}^{\nu_{\mathrm{M}}} \cdots}{P_{\mathrm{A}}^{\nu_{\mathrm{A}}} P_{\mathrm{B}}^{\nu_{\mathrm{B}}} \cdots} \tag{8.16}$$

である．ここで分母は反応系，分子は生成系の各成分に相当している．

理想気体を仮定すると

$$P_i = \frac{n_i RT}{V} = c_i RT \tag{8.17}$$

と書ける．ここで c_i は mol/l（mol dm^{-3}）単位で表わした濃度である．

(8.15) 式は $P^{\ominus} = 1\,\mathrm{atm}$ とおいて $P_i/P^{\ominus}$ を単に P_i と記したもので，したがって $K_P^{\ominus}$ は無次元の数である．P_i が圧力の次元をもつ場合

$$K_P = \prod_i P_i^{\nu_i} \tag{8.18}$$

と書く．(8.17) 式を用いると，上式は

$$K_P = \prod c_i^{\nu_i}(RT)^{\Delta n_g} = K_c (RT)^{\Delta n_g} \tag{8.18'}$$

となる．ここで K_c は反応に関与する成分の濃度に関する平衡定数で，**濃度平**

---

* law of mass action. mass を "質量" としたのは誤訳で本来はマスコミュニケーション等のマス（集団）に相当するという意見もあるが，19 世紀の初め頃化学平衡について研究した Berthollet（ベルトレ）は親和力の原因は万有引力であると考えており歴史的には "質量" とするのが必ずしも誤りとは言えない．

衡定数と呼ばれている．

$$\Delta_{n\,g} = \sum_i \nu_i = \sum_{(生成体)} \nu_{\mathrm{P}} - \sum_{(反応体)} \nu_{\mathrm{R}}$$

である．$K_P = K_P^{\ominus}(P^{\ominus})^{\Delta n_g}$ の関係があるので (8.18) 式は

$$K_P^{\ominus}(P^{\ominus})^{\Delta n_g} = K_c(RT)^{\Delta n_g} = K_c^{\ominus}(c^{\ominus})^{\Delta n_g}(RT)^{\Delta n_g} \tag{8.19}$$

と書ける．ここで $c^{\ominus}$ は標準濃度である．(8.19) 式は

$$K_P^{\ominus} = K_c^{\ominus}(c^{\ominus}RT/P^{\ominus})^{\Delta n_g} \tag{8.20}$$

とまとめられる*．反応の前後で分子数が変らない反応系では $\Delta n_g = 0$ で，

$$K_P = K_c$$

となる．K_c も温度だけの関数で温度一定ならば一定である．

8.4 解 離 平 衡

化学平衡の簡単な例として，解離平衡を考える．AB から出発した気相の解離反応

$$\mathrm{AB} \rightleftarrows \mathrm{A} + \mathrm{B} \tag{8.21}$$

において，解離度を α とすると，初めの AB に対する未解離の AB の割合は $1 - \alpha$ で A，B の割合はそれぞれ α である．平衡状態における全圧を P とすると，A，B，AB の分圧はそれぞれ

$$P_{\mathrm{A}} = P_{\mathrm{B}} = \frac{\alpha}{(1-\alpha) + \alpha + \alpha}P = \frac{\alpha}{1+\alpha}P, \quad P_{\mathrm{AB}} = \frac{1-\alpha}{1+\alpha}P \tag{8.22}$$

となる．したがって，圧平衡定数は

$$K_P = \frac{\alpha^2}{1-\alpha^2}P \tag{8.23}$$

となる．温度一定のとき K_P は一定であるから，全圧 P を大きくすると解離度

---

* $K_c = \Pi c_i^{\nu_i} = K_c^{\ominus}(c^{\ominus})^{\Delta n_g}$ の関係も成り立つ．$K_P^{\ominus}, K_c^{\ominus}$ は無次元の数であるが，K_P, K_c は（圧力）$^{\Delta n_g}$，（濃度）$^{\Delta n_g}$ の次元をもつ物理量である．

α は小さくなる.

次に，2 原子分子の解離平衡

$$A_2 \rightleftarrows 2A \tag{8.24}$$

について考える. このときは，生成物 A の割合は 2α となるから

$$K_P = \frac{4\alpha^2}{1-\alpha^2}P \tag{8.25}$$

となる. したがって，K_P と P の値が同じ場合には反応 (8.24) の方が α の値は小さくなる*.

(8.23) 式と (8.25) 式の違いは，次のようにして説明される. AB と A_2 の解離平衡における $\Delta G^\ominus$ の違いは，

$$\Delta G^\ominus = -RT \ln K_P^\ominus$$

であるから **

$$\Delta(\Delta G^\ominus) = -RT\left[\ln\frac{4\alpha^2}{1-\alpha^2}P - \ln\frac{\alpha^2}{1-\alpha^2}P\right] = -RT\ln 4 \tag{8.26}$$

となる. 一方，理想気体においては混合熱はゼロ，すなわち $\Delta H_{\text{mix}} = 0$ であるから

$$\Delta(\Delta G^\ominus) = \Delta(\Delta H^\ominus) - \Delta(T\Delta S^\ominus) = -\Delta(T\Delta S^\ominus) \tag{8.27}$$

である. したがって，(8.26) 式と (8.27) 式とから

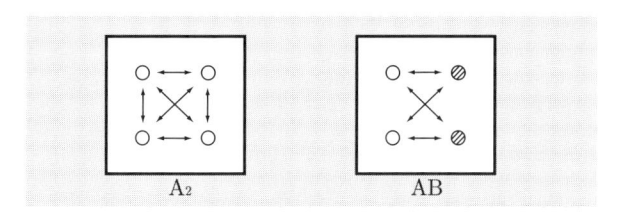

図 8.1　A_2 と AB 分解生成物間の衝突
　　　　$\longleftrightarrow$ の衝突によって逆反応が進行する.

---

* 異なった反応については当然のことながら K_P の値は異なっている. ここでは，K_P が等しいと仮定したうえで α の値を比較している.
** 分子論的な意味を理解するために α が等しいと仮定して形式的に比較してみる.

$$\Delta(\Delta S^\ominus) = R\ln 4 \tag{8.28}$$

となる．これは，同じ体積の A と B とを混合する際のエントロピー変化に等しい（58 ページ参照）．すなわち，AB $\rightleftarrows$ A + B の解離では，異種の混合物を生ずるための混合エントロピーによる自由エネルギーの減少によって，生成系がより安定化していることを示している．

分子論的には，この効果は次のように考えられる．かりに 2 分子の A_2 と AB とが分解した生成物による逆反応が，分子間衝突の度数に比例して起るとすると，逆反応は A_2 の分解生成物の方が起りやすいことがわかる（図 8.1）．このことからも，AB $\rightleftarrows$ A + B の方が平衡状態における解離度が大きいことがわかる．

8.5 標準生成ギブズエネルギー

(8.13) 式からわかるように，標準平衡定数は $\Delta G^\ominus$ の値で定まる．$\Delta G^\ominus$ は，定圧では

$$\Delta G^\ominus = \Delta H^\ominus - T\Delta S^\ominus \tag{8.29}$$

より，標準エンタルピー変化 $\Delta H^\ominus$ と標準エントロピー変化 $\Delta S^\ominus$ とから計算できる．$\Delta H^\ominus$ は標準状態で $\xi = 1$ だけ反応が進行したときの反応熱（エンタルピー変化）で，標準生成熱からヘスの法則を用いて計算することができる．また，$\Delta S^\ominus$ は，各物質の標準エントロピーから次式によって計算される．

$$\Delta S^\ominus = \sum \nu_i S_i^\ominus \tag{8.30}$$

標準状態（$P^\ominus = 1\,\text{atm}$）にある化合物 1 mol が，標準状態にある成分元素の単体から生成するときのギブズエネルギー変化 $\Delta G_f^\ominus$ を，**標準生成ギブズエネルギー**（standard Gibbs energy of formation）という．$\Delta G_f^\ominus$ の値は表 8.1 に示してある．$\Delta G_f^\ominus$ が与えられると，$\Delta G^\ominus$ は

$$\Delta G^\ominus = \sum \nu_i (\Delta G_{f,i}) \tag{8.31}$$

によって計算される．

8 化 学 平 衡

表 8.1 標準生成ギブズエネルギー (25°C)

物 質	$\Delta G^\ominus/\text{kJ mol}^{-1}$	物 質	$\Delta G^\ominus/\text{kJ mol}^{-1}$
H_2O (g)	-228.60	Al_2O_3 (s)	-1576.4
H_2O (ℓ)	-237.19	CaO (s)	-604.2
HCl (g)	-95.265	$CaCO_3$ (s)	-1128.8
HBr (g)	-53.26	NaCl (s)	-384.03
HI (g)	1.30	KCl (s)	-408.32
S (monoclinic)	0.096	CH_4 (g)	-50.793
SO_2 (g)	-300.4	C_2H_6 (g)	-32.89
SO_3 (g)	-370.4	C_3H_8 (g)	-23.49
H_2S (g)	-33.02	$n\text{-}C_4H_{10}$ (g)	-15.71
NO (g)	86.688	$i\text{-}C_4H_{10}$ (g)	-17.97
NO_2 (g)	51.840	C_2H_4 (g)	68.124
NH_3 (g)	-16.636	C_2H_2 (g)	209.2
HNO_3 (ℓ)	-79.914	C_6H_6 (ℓ)	124.50
PCl_3 (g)	-286.3	CH_3OH (ℓ)	-166.2
PCl_5 (g)	-324.6	C_2H_5OH (ℓ)	-174.8
C (diamond)	2.87	HCHO (g)	-110
CO (g)	-137.27	CH_3CHO (g)	-133.7
CO_2 (g)	-394.38	HCOOH (ℓ)	-346
Fe_2O_3 (s)	-741.0	CH_3COOH (ℓ)	-392
Fe_3O_4 (s)	-1014		

例題 8.1 25°C における n-ブタンと iso-ブタンの標準生成ギブズエネルギーはそれぞれ -15.71 および -17.97 kJ mol^{-1} である．25°C において両者が平衡状態にあるときの n-ブタンと iso-ブタンの割合はいくらか．

解 $\Delta G^\ominus = -2.26$ kJ mol^{-1} であるから

$$RT \ln K^\ominus = 2.26 \times 10^3, \quad K^\ominus = 2.5$$

ゆえに，n-ブタンと iso-ブタンのモル分率を x_A, x_B とすると

$$\frac{x_B}{x_A} = \frac{1 - x_A}{x_A} = 2.5$$

これより

$$x_A = 0.285, \quad x_B = 0.715$$

[**不均一系の化学平衡**] 気相と固相とを含む不均一系が化学平衡にあるときは，固相の量は平衡定数に関係しない．たとえば，炭酸カルシウムの熱解離平衡

$$CaCO_3\,(s) \rightleftarrows CaO\,(s) + CO_2\,(g) \tag{8.32}$$

では，CO_2 の平衡圧は $CaCO_3$ の量には関係なく，温度のみできまる．したがって，化学平衡においては，純粋な固相の活量を 1 とする．そうすると，反応 (8.32) の圧平衡定数は

$$K_P = P_{CO_2} \tag{8.33}$$

となる．すなわち，平衡定数は CO_2 の分圧となる．これを $CaCO_3$ の**解離圧** (dissociation pressure) または**分離圧**という．表 8.2 に $CaCO_3$ の解離圧が示してある．

表 8.2　$CaCO_3$ の解離圧

温度/°C	解離圧/atm
600	0.00242
700	0.0292
800	0.220
897	1.000
1000	3.871
1100	11.50
1200	28.68

表に見られるように，解離圧は温度の上昇とともに急激に増大し，897°C で 1 atm に達する．空気中の CO_2 の分圧は 3×10^{-4} atm 程度で，空気を通じた状態であれば 600°C 以下でも $CaCO_3$ は分解するが，それでは熱効率が悪くなる．897°C 以上に熱すれば解離圧は 1 atm 以上となり，CO_2 が容器から吹き出し，CaO を生ずる．

8.6　平衡定数の温度依存性

標準生成ギブズエネルギー $\Delta G^\ominus$ の温度依存性も，ギブズ・ヘルムホルツの式 (5.31) 式で表わされる．すなわち

$$\left[\frac{\partial}{\partial T}\left(\frac{\Delta G^\ominus}{T}\right)\right]_P = -\frac{\Delta H^\ominus}{T^2} \tag{8.34}$$

この式と (8.13) 式とから

$$\frac{d}{dT}\left(\ln K_P^\ominus\right) = \frac{\Delta H^\ominus}{RT^2}, \quad \frac{d(\ln K_P^\ominus)}{d(1/T)} = -\frac{\Delta H^\ominus}{R} \qquad (8.35)$$

となる*. この式をファント・ホッフの**定圧平衡式**という.

$\ln K_P^\ominus$ を $1/T$ に対してプロットすると, 発熱反応 ($\Delta H^\ominus < 0$) で勾配は正, 吸熱反応 ($\Delta H^\ominus > 0$) で勾配は負となる. $\Delta H^\ominus$ は温度にあまり依存しないので, プロットは図 8.2 のようにほぼ直線となる. (8.35) 式から, 発熱反応では高温 ($1/T$ が小) で $K_P^\ominus$ は小さくなり, 平衡状態での生成物の割合が小さくなることがわかる. 吸熱反応では逆になる. すなわち, 平衡の移動に関する**ルシャトリエ (Le Chaterier) の原理**が熱力学的に裏付けられている.

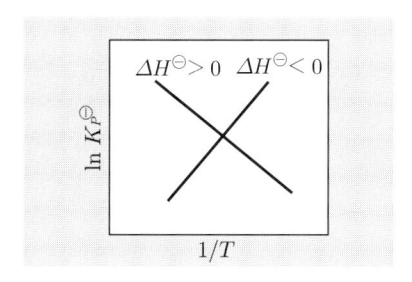

図 8.2 $\ln K_P^\ominus$ と $1/T$ の関係

$\Delta H^\ominus$ が温度に依らないとすると, (8.35) 式を積分して

$$\int_{\ln K_P^\ominus(T_1)}^{\ln K_P^\ominus(T_2)} d\ln K_P^\ominus = \int_{T_1}^{T_2} \frac{\Delta H^\ominus}{RT^2} dT$$

$$\ln\left[\frac{K_P^\ominus(T_2)}{K_P^\ominus(T_1)}\right] = \frac{\Delta H^\ominus(T_2 - T_1)}{RT_1 T_2} \qquad (8.36)$$

を得る. すなわち, 圧平衡定数の温度変化から標準生成エンタルピーが求められる.

次に, 濃度平衡定数 K_c の温度変化からは, 標準生成内部エネルギー $\Delta U^\ominus$

---

* K_P は理想気体近似では全圧 P に依存しないので, P を一定とした偏微分の形にする必要はない.

8.6 平衡定数の温度依存性

が求められることを示す．すなわち，圧平衡定数と濃度平衡定数の関係 (8.19) より

$$\frac{d(\ln K_P^{\ominus})}{dT} = \frac{d(\ln K_c^{\ominus})}{dT} + \frac{\Delta n_g}{T} \tag{8.37}$$

となるので，(8.35) 式を用いると

$$\frac{d(\ln K_c^{\ominus})}{dT} = \frac{d(\ln K_P^{\ominus})}{dT} - \frac{\Delta n_g}{T} = \frac{\Delta H^{\ominus} - \Delta n_g RT}{RT^2} \tag{8.38}$$

となる．$PV = nRT$ より

$$\Delta n_g RT = P\Delta V$$

であるから，(8.38) 式は

$$\frac{d(\ln K_c^{\ominus})}{dT} = \frac{\Delta H^{\ominus} - P\Delta V}{RT^2} = \frac{\Delta U^{\ominus}}{RT^2} \tag{8.39}$$

となる．(8.36) 式と同様にして

$$\ln\left[\frac{K_c^{\ominus}(T_2)}{K_c^{\ominus}(T_1)}\right] = \frac{\Delta U^{\ominus}(T_2 - T_1)}{RT_1 T_2} \tag{8.40}$$

となる．

　化学平衡におよぼす温度の影響を，エンタルピーとエントロピーの寄与に分けて考えてみよう．(8.13) 式と (8.29) 式より，平衡定数は

$$K_P^{\ominus} = \exp\frac{-\Delta G^{\ominus}}{RT} = \exp\frac{-\Delta H^{\ominus}}{RT} \exp\frac{\Delta S^{\ominus}}{R} \tag{8.41}$$

と書ける．したがって，$-\Delta H^{\ominus}/RT$ が正で大きな値のときに $K_P^{\ominus}$ の値も大きく，反応が進んだところで平衡に達することがわかるが，$\Delta S^{\ominus}$ が大きく，$\Delta S^{\ominus}/R$ の値が大きい場合には，$-\Delta H^{\ominus}/RT$ が負，すなわち吸熱反応でも $K_P^{\ominus}$ の値は大きくなり得ることがわかる．$\Delta S^{\ominus}/R$ の項は温度に無関係であるが，特に高温では $\Delta H^{\ominus}/RT$ の項の寄与は温度 T の逆数であるために相対的に小さくなり，平衡は反応系のエントロピーが大きくなる方向へ移動する．高温で熱を吸収する分解反応が起るようになるのはそのためである．

例題 8.2　二酸化炭素は高温において次式にしたがって分解する．

$$2CO_2 \longrightarrow 2CO + O_2$$

1 atm, 1000 K においては 2.0×10^{-5} %, 1400 K においては 1.27×10^{-2} % の CO_2 が分解する．$\Delta H^\ominus$ を一定とみなし，1000 K でのこの分解反応における $\Delta G^\ominus$ と $\Delta S^\ominus$ とを求めよ．

解　CO_2 の解離度を α とすると，全体の物質量は初めの CO_2 に対して $(1+\alpha/2)$ 倍となるので，全圧を P とすると，各成分の分圧は

$$P_{CO_2} = \frac{1-\alpha}{1+\alpha/2}P, \quad P_{CO} = \frac{\alpha}{1+\alpha/2}P, \quad P_{O_2} = \frac{\alpha/2}{1+\alpha/2}P.$$

$$\therefore K_P = \frac{P_{CO}^2 P_{O_2}}{P_{CO_2}^2} = \frac{\alpha^3}{(2+\alpha)(1-\alpha)^2}P$$

である．したがって

$$K_P^\ominus(1000) = \frac{(2.0 \times 10^{-7})^3}{(2+2.0 \times 10^{-7})(1-2.0 \times 10^{-7})^2} \simeq 4.0 \times 10^{-21}$$

$$K_P^\ominus(1400) = \frac{(1.27 \times 10^{-4})^3}{(2+1.27 \times 10^{-4})(1-1.27 \times 10^{-4})^2} \simeq 1.02 \times 10^{-12}$$

ゆえに

$$\ln\left[\frac{K_P^\ominus(1400)}{K_P^\ominus(1000)}\right] = \frac{\Delta H^\ominus}{R}\left(\frac{1}{1000} - \frac{1}{1400}\right),$$

$$\Delta H^\ominus = 5.63 \times 10^5 \text{ J}.$$

1000 K における $\Delta G^\ominus$ と $\Delta S^\ominus$ はそれぞれ次のようになる．

$$\Delta G^\ominus(1000) = -RT\ln K_P^\ominus = 3.91 \times 10^5 \text{ J}$$

$$\Delta S^\ominus(1000) = (\Delta H^\ominus - \Delta G^\ominus)/T = 172 \text{ J K}^{-1}$$

演 習 問 題

1 アンモニアを体積 $2.00\,\mathrm{dm}^3$ の容器に $25°\mathrm{C}$ で $14.7\,\mathrm{atm}$ になるまでつめ,触媒の存在下で $350°\mathrm{C}$ に保ち平衡に到達させたところ,アンモニアの一部は窒素と水素に分解し,圧力は $50.0\,\mathrm{atm}$ になった.
   (1) アンモニアの解離度はいくらか.
   (2) 各成分気体のモル分率と分圧はいくらか.
   (3) $350°\mathrm{C}$ におけるアンモニア生成反応の圧平衡定数を求めよ.

2 温度 $17°\mathrm{C}$,圧力 $0.710\times 10^5\,\mathrm{Pa}$ でホスゲン $COCl_2$ をつめた容器がある.体積を一定に保って $500°\mathrm{C}$ に熱したところ,平衡状態で圧力は $2.01\times 10^5\,\mathrm{Pa}$ となった.ホスゲンの解離反応
$$COCl_2 \rightleftarrows CO + Cl_2$$
の $500°\mathrm{C}$ における K_P と K_c を求めよ.ただし $17°\mathrm{C}$ ではホスゲンは解離していない.

3 $25°\mathrm{C}$,$1\,\mathrm{atm}$ で N_2O_4 と NO_2 との次のような平衡混合物の密度は $3.176\,\mathrm{g\,dm^{-3}}$ である.
$$N_2O_4(g) \rightleftarrows 2NO_2(g), \quad \Delta H^\ominus = 58.1\,\mathrm{kJ\,mol^{-1}}$$
   (1) この温度,圧力における N_2O_4 の解離度 α を求めよ.
   (2) この解離反応の $25°\mathrm{C}$ における平衡定数 K_P を計算せよ.
   (3) この解離反応の $25°\mathrm{C}$ における標準ギブズエネルギー変化 $\Delta G^\ominus$ を求めよ.
   (4) この解離反応の $25°\mathrm{C}$ における標準エントロピー変化 $\Delta S^\ominus$ はいくらか.またその値のこの反応における意味を述べよ.

4 $CH_4(g) + 2O_2(g) \rightleftarrows CO_2(g) + 2H_2O(\ell)$ の反応は $25°\mathrm{C}$,$1\,\mathrm{atm}$ ではどちらに進むか.表 8.1 のデータから K_P の値を求めて判断せよ.

5 液体キシレンの,各異性体の $25°\mathrm{C}$ における標準生成熱 $\Delta H_\mathrm{f}^\ominus$,標準エントロピー $S^\ominus$ は次のとおりである.

	$\Delta H_\mathrm{f}^\ominus/\mathrm{kJ\,mol^{-1}}$	$S^\ominus/\mathrm{J\,K^{-1}\,mol^{-1}}$
o-キシレン	-24.44	246.5
m-キシレン	-25.42	252.2
p-キシレン	-24.43	247.4

これらの値を用いて $25°\mathrm{C}$ における平衡混合物の組成を求めよ.

6 表 8.2 のデータを用いて,$900°\mathrm{C}$ における $CaCO_3$ の標準解離熱 $\Delta H^\ominus$,標準ギブズエネルギー変化 $\Delta G^\ominus$,標準エントロピー変化 $\Delta S^\ominus$ を求めよ.また,解離圧が $1\,\mathrm{atm}$ になる温度を求めよ.

9 電解質溶液と電池

9.1 電 解 質

水に溶けてイオンに**電離**(electrolytic dissociation)する物質を，**電解質** (electrolyte) という．水に溶けて完全に電離するものを**強電解質**，部分的に電離して電離平衡が成立しているものを**弱電解質**という．NaCl, Na_2SO_4 など大部分の塩，HCl, KOH などの強酸や強塩基は強電解質，CH_3COOH, NH_3 などの弱酸・弱塩基は弱電解質である．

電解質水溶液は，浸透圧，沸点上昇，凝固点降下などの**束一的性質**[*]に異常性がみられる．たとえば，浸透圧は，(7.52) 式の代りに

$$\Pi V = i n_B RT \quad \text{または} \quad \Pi = icRT \tag{9.1}$$

で与えられる．ここで $c = n_B/V$ は溶質の濃度である．i は電解質溶液に対する補正項で，**ファント・ホッフの係数**とよばれている．

図 9.1(a) はいくつかの強電解質の i の値を濃度 c に対してプロットしたもので，$c \to 0$ の極限で i の値は電離によって生ずるイオンの数に等しくなってい

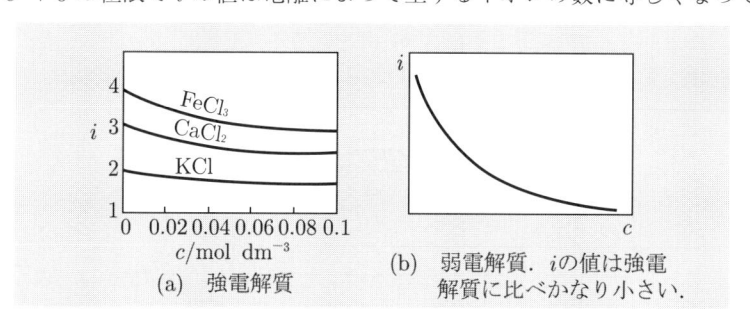

(a) 強電解質

(b) 弱電解質．i の値は強電解質に比べかなり小さい．

図 **9.1** ファント・ホッフの係数 i の濃度依存性

---

[*] colligative property. 気体の体積，沸点上昇，凝固点降下，浸透圧など．物質（溶質）の化学的性質に関係なく，その量だけで決まる性質をいう．

る．図に見られるように，この値は c の増大とともに減少する．これは，電離したイオン間の静電荷によるクーロン相互作用のために，イオンの活量係数が濃度の増大とともに減少するからである．Fe^{3+} のように価数が大きいイオンの場合は，クーロン相互作用も大きく，活量係数の減少もいちじるしい．

弱電解の場合，ファント・ホッフの係数の濃度依存性は図 9.1(b) のように，濃度の減少とともに急激に増大する．濃度が極端に小さくない限り，i の値は強電解質の場合に比べていちじるしく小さい．これは，弱電解質 X_mY_n では，次のような電離平衡の状態にあるためである．

$$X_mY_n \rightleftarrows mX^{(+)} + nY^{(-)} \tag{9.2}$$

ここで $(+), (-)$ は，それぞれの化学種が陽イオン，陰イオンであることを示す記号である．X_mY_n の濃度を c，電離度を α とすると各種の濃度は

$$[X_mY_n] = c(1-\alpha), \quad mX^{(+)} = mc\alpha, \quad nY^{(-)} = nc\alpha \tag{9.3}$$

となる．したがって，全体としての粒子濃度は

$$c(1-\alpha) + mc\alpha + nc\alpha = [(m+n-1)\alpha + 1]c \tag{9.4}$$

である．弱電解質では c が極端に小さくない限り α は非常に小さいので*，イオン濃度はあまり高くならず，したがってイオン間の相互作用も小さく

$$i = (m+n-1)\alpha + 1 \tag{9.5}$$

とみなすことができる．したがって，i の値の測定から電離度 α を求めることができる．

9.2 弱電解質の電離度

前述のように，弱電解質の多くは弱酸か弱塩基である．弱酸 AH は，水中で H_2O と反応して

---

* (9.8) 式で計算される．酢酸 CH_3COOH の場合，$c = 0.1\,\mathrm{mol\,dm^{-3}}$ のとき $\alpha = 0.013$．

$$AH + H_2O \rightleftarrows A^- + H_3O^+$$

と電離平衡の状態にある．水の濃度 $[H_2O]$ は一定とみなすことができるので，オキソニウムイオン H_3O^+ を簡単のために H^+ と書くと，質量作用の法則より

$$\frac{[A^-][H^+]}{[AH]} = K_a \tag{9.6}$$

と書くと，K_a は定温では一定となる．K_a を弱酸 AH の**電離定数**という．

AH の濃度を c，電離度を α とすると

$$[AH] = c(1-\alpha),$$
$$[A^-] = [H^+] = c\alpha$$

となるので，(9.6) 式より

$$\frac{c\alpha^2}{1-\alpha} = K_a \tag{9.7}$$

を得る．一般に $\alpha \ll 1$ だから，$c\alpha^2 \fallingdotseq K_a$ となり

$$\alpha = \sqrt{K_a/c} \tag{9.8}$$

で近似される．したがって

$$[H^+] = c\alpha$$
$$\fallingdotseq (cK_a)^{1/2} \tag{9.9}$$

となる．$pK_a \equiv -\log K_a$ と書くと，$pH \equiv -\log[H^+]$ は

$$pH \fallingdotseq \frac{1}{2}(pK_a - \log c) \tag{9.10}$$

となる．

弱塩基の場合

$$BOH \rightleftarrows B^+ + OH^- \quad \text{または} \quad B + H_2O \rightleftarrows BH^+ + OH^- \tag{9.11}$$

の電離平衡が成り立つので，電離定数を K_b とすると

9.2 弱電解質の電離度

$$[\mathrm{OH}^-] = c\alpha \fallingdotseq (cK_\mathrm{b})^{1/2} \tag{9.12}$$

となる．室温では $[\mathrm{H}^+][\mathrm{OH}^-] = 10^{-14}$ であるから，$[\mathrm{H}^+] = 10^{-14}/[\mathrm{OH}^-]$ で

$$\mathrm{pH} = 14 - \frac{1}{2}(\mathrm{p}K_\mathrm{b} - \log c) \tag{9.13}$$

となる．

たとえば，酢酸 $\mathrm{CH_3COOH}$ の K_a は 1.75×10^{-5}，$\mathrm{p}K_\mathrm{a}$ は 4.76 であるから，$0.1\ \mathrm{mol\,dm^{-3}}$ 酢酸水溶液では次のようになる．

$$\alpha \fallingdotseq (K_a/c)^{1/2} = (1.75 \times 10^{-4})^{1/2}$$
$$= 1.32 \times 10^{-2}$$
$$\mathrm{pH} \fallingdotseq (4.76 + 1)/2 = 2.88$$

表 9.1 に種々の弱酸および弱塩基の電離定数（25°C）が示してある．

表 9.1 弱酸と弱塩基の電離定数（25°C）

化合物		分子式	$K/\mathrm{mol}^{\Sigma\nu_i}\mathrm{dm}^{-3\Sigma\nu_i}$		$\mathrm{p}K = -\log(K/\mathrm{mol}^{\Sigma\nu_i}\mathrm{dm}^{-3\Sigma\nu_i})$
酸	ギ 酸	HCOOH		1.77×10^{-4}	3.75
	酢 酸	$\mathrm{CH_3COOH}$		1.75×10^{-5}	4.76
	ジエチル酢酸	$\mathrm{(C_2H_5)_2CHCOOH}$		1.78×10^{-5}	4.75
	モノクロロ酢酸	$\mathrm{ClCH_2COOH}$		1.40×10^{-3}	2.86
	ジクロロ酢酸	$\mathrm{Cl_2CHCOOH}$		$5.1\ \times 10^{-2}$	1.29
	炭 酸	$\mathrm{H_2CO_3}$	K_1	$4.3\ \times 10^{-7}$	6.37
			K_2	$5.6\ \times 10^{-11}$	10.25
	リ ン 酸	$\mathrm{H_3PO_4}$	K_1	7.52×10^{-3}	2.12
			K_2	6.23×10^{-8}	7.21
			K_3	$4.8\ \times 10^{-13}$	12.32
塩基	アンモニア	$\mathrm{NH_3}$		$1.8\ \times 10^{-5}$	4.74
	メチルアミン	$\mathrm{CH_3NH_2}$		4.38×10^{-4}	3.36
	ジメチルアミン	$\mathrm{(CH_3)_2NH}$		5.12×10^{-4}	3.29
	アニリン	$\mathrm{C_6H_5NH_2}$		3.83×10^{-10}	9.42
	ピリジン	$\mathrm{C_5H_5N}$		1.59×10^{-9}	8.80

9.3 平均活量（係数）

第 7 章で述べたように（113 ページ），電解質溶液のように理想溶液からのずれがある溶液中での i 成分の化学ポテンシャルは，相対活量 a_i あるいは γ_i を用いて

$$\mu_i = \mu_i^{\ominus} + RT \ln a_i = \mu_i^{\ominus} + RT \ln (\gamma_i c_i / c^{\ominus}) \tag{9.14}$$

と表わされる．電解質溶液の場合，濃度単位を $c^{\ominus}$ として質量モル濃度（記号 m）を用いることが多い．ここで，γ_i は質量モル濃度に対する相対活量である．

電解質溶液では電気的中性が成立している．すなわち，陽イオンによる電荷量と陰イオンによる電荷量とはその値が常に等しい．したがって，どちらかのイオンだけから成る溶液は存在せず，単独で活量を測定することはできない．そこで，電解質溶液では，成分イオンの活量（係数）の幾何平均で**平均活量（係数）**（mean activity (coefficient)）を定義する．たとえば，塩 $X_m Y_n$ が (9.2) 式のように電離しているとき，平均活量（係数）は

$$a_{\pm} = (a_{X^{[+]}}^m a_{Y^{[-]}}^n)^{\frac{1}{m+n}}, \quad \gamma_{\pm} = (\gamma_{X^{[+]}}^m \gamma_{Y^{[-]}}^n)^{\frac{1}{m+n}} \tag{9.15}$$

で定義される．たとえば

$$\mathrm{NaCl} \longrightarrow \mathrm{Na}^+ + \mathrm{Cl}^- \quad \text{では} \quad a_{\pm} = (a_{\mathrm{Na}^+} a_{\mathrm{Cl}^-})^{1/2}$$

$$\mathrm{Na_2SO_4} \longrightarrow 2\mathrm{Na}^+ + \mathrm{SO_4}^{2-} \quad \text{では} \quad a_{\pm} = (a_{\mathrm{Na}^+}^2 + a_{\mathrm{SO_4}^{2-}})^{1/3}$$

となる．

表 9.2 にいくつかの電解質の平均活量係数の濃度依存性が示してある．電解

表 9.2 電解質の平均活量係数（25°C）

m/mol kg^{-1}	0.001	0.005	0.01	0.05	0.1	0.5	1.0
HCl	0.966	0.928	0.904	0.830	0.796	0.758	0.809
NaCl	0.966	0.929	0.904	0.823	0.780	0.68	0.66
KCl	0.965	0.927	0.901	0.815	0.769	0.651	0.606
AgNO$_3$	0.965	0.92	0.90	0.79	0.72	0.51	0.40
CaCl$_2$	0.89	0.785	0.725	0.57	0.515	0.52	0.71
CuSO$_4$	0.74	0.53	0.41	0.21	0.16	0.068	0.047
ZnSO$_4$	0.700	0.477	0.387	0.202	0.150	0.063	0.043

質の平均活量係数は，溶液の凝固点降下，難溶性塩の溶解度，電池の起電力などから求められる．

9.4 自発的変化と電池

n mol の気体を $V_1 \to V_2$ と膨張させると，理想気体の場合
$$\Delta S = nR \ln (V_2/V_1)$$
だけエントロピーが増大し，$\Delta H = 0$ だから系の自由エネルギーは
$$\Delta G = \Delta H - T\Delta S = -nRT \ln (V_2/V_1) \qquad (9.16)$$
だけ減少する．自由膨張の場合，外界には仕事をしないので，気体のエントロピー増大とそれに伴う自由エネルギーの減少をもたらした．しかし，図 3.3 に示したように，外圧と平衡を保ちながら準静的に膨張させれば，気体の自由エネルギーの減少に相当するだけのエネルギーを，仕事の形で外界へ移すことができる*．外界になされた仕事は，これを逆に使えば，気体を準静的に圧縮して元の状態に戻すことができる．気体が外界にする仕事で発電機を動かし，発生した電気をコンデンサーに蓄積することもできる．この場合，気体の自由エネルギーは，電子のポテンシャルエネルギーの形に変えられることになる．あるいは，蓄電池の充電や電気分解に使うこともできる．この場合は，気体の自由エネルギーは，化学エネルギーに変えられることになる．

　自発的に進行する化学変化についても同様に考えることができる．金属の酸への溶解，水素の燃焼など，自発的に化学反応が進行する場合，系の自由エネルギーが減少している．この自由エネルギー変化を電気エネルギーとして取り出すことができる．その装置を**電池****という．気体の膨張の際の自由エネルギー変化を，発電機などを用いずに，直接に電気エネルギーとして取り出すこともできる．これを**気体濃淡電池**という．また，溶液中での溶質の拡散に伴う自由エネルギー変化も，濃淡電池を用いて電気エネルギーとして取り出すことができる．

---

*　系の温度を一定に保つために，系（気体）は外界から熱エネルギーを吸収する．
**　galvanic cell または単に cell. cell の集団を battery という．

9.5 電池とその起電力

亜鉛を硫酸銅溶液に浸すと，亜鉛がイオンとなって溶け出し，銅が析出する．

$$\text{Zn} + \text{Cu}^{2+} + \text{SO}_4^{2-} \longrightarrow \text{Cu} + \text{Zn}^{2+} + \text{SO}_4^{2-} \tag{9.17}$$

この反応は自発的に進行するので，系の自由エネルギーは減少し，系のエントロピーは増大する．しかし，図 9.2 のように，Zn を ZnSO$_4$ 溶液に浸し，Cu を CuSO$_4$ 溶液に浸したものを，両液は混合しないがイオンは通過できるような多孔質板（素焼板，丈夫な紙など）で仕切って接触させると，Zn 極と Cu 極とに電位差を生ずる．この系を**ダニエル電池**（Daniell cell）という．

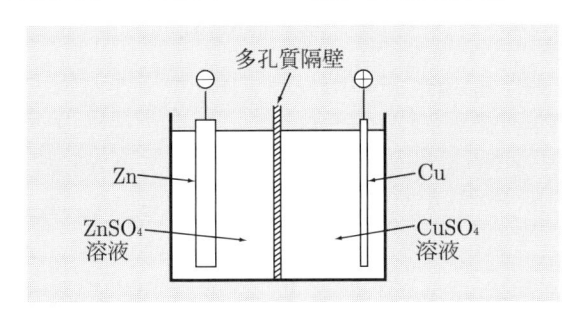

図 9.2 ダニエル電池

ダニエル電池の両極を導線（外部回路）で継ぐと，電流が Cu 極から Zn 極へ流れ，同時にそれぞれの極で次の反応が進行する．

Cu 極（正極）： $\text{Cu}^{2+} + 2\text{e}^- \longrightarrow \text{Cu}$ （還元反応）
Zn 極（負極）： $\text{Zn} \longrightarrow \text{Zn}^{2+} + 2\text{e}^-$ （酸化反応）

放電に伴い電池内反応が進行し，図 9.2 の左側の部分で Zn^{2+} イオンの濃度が増大し，右側の部分で Cu^{2+} が Cu となって析出するために，CuSO$_4$ の濃度が減少する．それに伴い，SO$_4^{2-}$ イオンが隔壁を通過して右から左へ移動する．溶液内での電流は SO$_4^{2-}$ イオンの移動によるものが多く，同時に Zn^{2+}，Cu^{2+} イオンの左から右への移動も寄与している．

電池は記号化して表わす．ダニエル電池の場合

9.5 電池とその起電力

$$\text{Zn}|\text{Zn}^{2+}||\text{Cu}^{2+}|\text{Cu} \quad \text{あるいは} \quad \text{Zn}|\text{ZnSO}_4||\text{CuSO}_4|\text{Cu} \tag{9.18}$$

と表わす*．この記法で，放電の際に左側の極で酸化反応が起るときに起電力を正とする．したがって

$$\text{Cu}|\text{Cu}^{2+}||\text{Zn}^{2+}|\text{Zn} \tag{9.18'}$$

と表わした電池の起電力は，絶対値は同じであるが符号は負となる．

電池の両極に外部から逆電位差を加え，回路の電流が零となったときの逆電位差を，電池の**起電力**（electromotive force, emf）という．これは，気体の圧力を，外部から逆方向に圧力を加えてピストンが動かなくなったときの外圧でもって定義するのと同じである．外部電位と釣り合っていて電流が零となっているとき，電池内反応は外力下での平衡状態にある．すなわち，起電力 emf は，回路の電流が零となったときの電位差

$$E(\text{emf}) = E_e = E_i \tag{9.19}$$

で定義する．ここで E_e は外部電位差，E_i は電池の両電極間の電位差である．

(a) 圧力．ピストンが動かなくなったとき外圧は内圧に等しい．

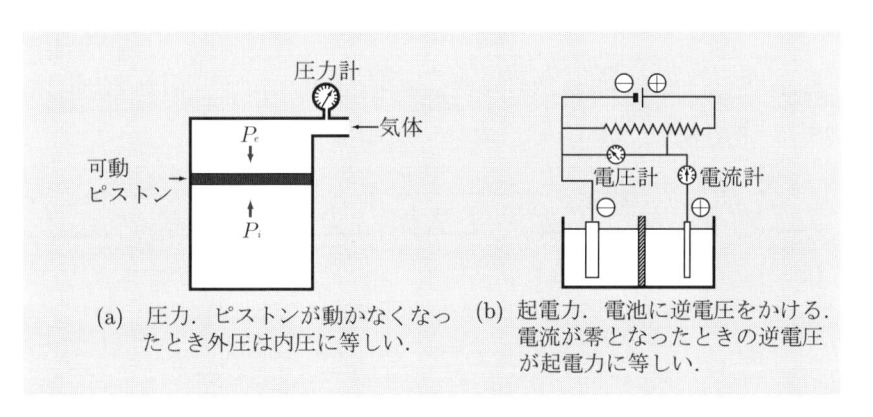

(b) 起電力．電池に逆電圧をかける．電流が零となったときの逆電圧が起電力に等しい．

図 **9.3** 気体の圧力と電池の起電力の測定

---

* 中央の || は両極部の隔壁や塩橋（147 ページ）を表わしている．

9.6 反応の自由エネルギー変化と起電力

電池に外部から加えている電位差が平衡状態から無限小だけずれたときに回路に流れる電流によって dq だけの電荷が移動したとすると,電池が外部にする電気的仕事は,$E_e = E_i$ であるから,これを E として

$$dW_{\mathrm{ele}} = -E dq \tag{9.20}$$

となる.符号 $-$ は,放電に伴って dq だけの電荷が流れた場合に系(電池)は Edq だけの仕事を外界に対してするからである.(9.19) の条件から,これは準静的変化となっている.

電池内反応が $d\xi$ だけ進行すると,それに伴って外部回路を流れる電荷 dq は

$$dq = zF d\xi \tag{9.21}$$

である.ここで z は電池内反応が 1 回行われる際に移動する電子の数,F は 1 mol の電子の電荷量で 96485 C(クーロン)である*.したがって,準静的変化の条件では

$$dW_{\mathrm{ele}} = -zFE d\xi \tag{9.22}$$

となる.定温・定圧の条件では,準静的変化で系が外界に対してする仕事は系のギブズエネルギー変化に等しいから,次のようになる.

$$dG = -zFE d\xi \quad \text{または} \quad \left(\frac{\partial G}{\partial \xi}\right)_{T,P} = -zFE \tag{9.23}$$

(9.23) 式と (8.7) 式とから

$$-A \equiv \sum \nu_i \mu_i = -zFE \tag{9.24}$$

を得る.$\sum \nu_i \mu_i$ は各成分が ν_i mol だけ変化したとき($\xi = 1$ のとき)の反応系のギブズエネルギー変化 ΔG である.したがって,(9.24) 式は次のようにも

---

* ダニエル電池の場合 $z = 2$.ダニエル電池で 1 mol 相当の反応が進行する($\xi = 1$)と移動する電荷は $2F$ クーロンとなる.

9.6 反応の自由エネルギー変化と起電力

書かれる.

$$\Delta G = -zFE \tag{9.25}$$

(9.14) 式と (9.15) 式より*

$$\begin{aligned}
\mu(\mathrm{CuSO_4}) &= \mu^{\ominus}(\mathrm{CuSO_4}) + RT \ln a_{\pm}{}^2(\mathrm{CuSO_4}) \\
\mu(\mathrm{ZnSO_4}) &= \mu^{\ominus}(\mathrm{ZnSO_4}) + RT \ln a_{\pm}{}^2(\mathrm{ZnSO_4}) \\
\mu(\mathrm{Cu}) &= \mu^{\ominus}(\mathrm{Cu}) \\
\mu(\mathrm{Zn}) &= \mu^{\ominus}(\mathrm{Zn})
\end{aligned} \tag{9.26}$$

の関係があるので,ダニエル電池の場合について (9.24) 式を具体的に書くと,$z=2$ だから

$$2FE = -\Delta G^{\ominus} - RT \ln \frac{a_{\pm}{}^2(\mathrm{ZnSO_4})}{a_{\pm}{}^2(\mathrm{CuSO_4})} \tag{9.27}$$

となる.ここで

$$\Delta G^{\ominus} = \sum \nu_i \mu_i^{\ominus} = \mu^{\ominus}(\mathrm{Cu}) + \mu^{\ominus}(\mathrm{ZnSO_4}) - \mu^{\ominus}(\mathrm{Zn}) - \mu^{\ominus}(\mathrm{CuSO_4}) \tag{9.28}$$

は,反応系の各成分の活量が 1 のとき,各成分が ν_i mol だけ変化したとき($\xi = 1$ のとき)の自由エネルギー変化である**.このときの電池の起電力を**標準起電力**といい,$E^{\ominus}$ で表わす.したがって (9.27) 式は

$$\begin{aligned}
E &= E^{\ominus} - \frac{RT}{2F} \ln \frac{a_{\pm}{}^2(\mathrm{ZnSO_4})}{a_{\pm}{}^2(\mathrm{CuSO_4})} \\
&= E^{\ominus} - \frac{RT}{F} \ln \frac{a_{\pm}(\mathrm{ZnSO_4})}{a_{\pm}(\mathrm{CuSO_4})}
\end{aligned} \tag{9.29}$$

$$E^{\ominus} = -\frac{\Delta G^{\ominus}}{2F} \tag{9.30}$$

となる.ダニエル電池では 25°C で $E^{\ominus} = 1.100\,\mathrm{V}$ である.(9.29) 式から,ダニエル電池の起電力は $\mathrm{CuSO_4}$ の活量(濃度)が大きく $\mathrm{ZnSO_4}$ の活量(濃度)

---

* 純粋な固体 (Zn, Cu) の活量は 1 とする.$\mu^{\ominus}$ は活量 1 のときの化学ポテンシャル.
** $\Delta G^{\ominus} = -A^{\ominus}$ を**標準親和力**という.

が小さいほど大きくなることがわかる.

一般に,電池の起電力は次のようになる.

$$E = E^{\ominus} - \frac{RT}{zF} \ln \prod_i a_i^{\nu_i} \tag{9.31}$$

ここで a_i は反応に関与するすべての単体,化合物,イオンの活量である[*].

(9.25) 式より,$E > 0$ のとき $\Delta G < 0$ で,電池の放電に伴って左側の極で酸化反応が,右側の極で還元反応が進行する.

例題 9.1 27°C でダニエル電池(起電力 $E = 1.10\,\text{V}$,内部抵抗 $2\,\Omega$)を放電させて電気量 $2F$ を流した.

(1) これを抵抗器を通して熱に変えた (27°C).外界におけるエントロピー変化はいくらか.

(2) (1) の場合の自由エネルギーの損失は,EF の幾倍になっているか.

(3) 内部抵抗が (i) $50\,\Omega$,および (ii) $1000\,\Omega$ の直流モーターを働かせて荷物を巻きあげるときに,電池が外界に対してする仕事量を求めよ.また外界におけるエントロピーの増大はいくらになるか.

解 (1) このとき発生する熱量 Q は,$1F = 96485\,\text{C}$ として

$$Q = 1.10 \times 2 \times 96485 = 2.123 \times 10^5\,\text{J}$$

$$\Delta S = 2.123 \times 10^5 / 300 = 708\,\text{J}\,\text{K}^{-1}$$

(2) このとき,電池の自由エネルギーの損失は $2EF$ になる(電位差 E で $1F$ の電気を通して仕事をさせたとすると,これは全部仕事に変えることができるエネルギーであるので,電池は EF だけの自由エネルギーを失う).

(3) (i) 内部抵抗 $50\,\Omega$ のモーターを働かせる場合は,電池の内部抵抗が $2\,\Omega$ であるために

$$-W = \frac{50}{50+2} \times 2EF = 2.041 \times 10^5\,\text{J}$$

---

[*] ダニエル電池では $\text{Zn} + \text{Cu}^{2+} + \text{SO}_4{}^{2-} = \text{Cu} + \text{Zn}^{2+} + \text{SO}_4{}^{2-}$ であるから,$\prod_i a_i^{\nu_i} = a_{\text{Zn}^{2+}} a_{\text{SO}_4{}^{2-}} / a_{\text{Cu}^{2+}} a_{\text{SO}_4{}^{2-}}$.

の仕事をすることができる．

(ii) 上と同様にして

$$-W = \frac{1000}{1000+2} \times 2EF = 2.118 \times 10^5 \,\text{J}$$

このように，モーターの内部抵抗が大きいほど電池の自由エネルギーを有効に使うことができる．一方内部抵抗が大きいと電流は小さくなり，モーターの馬力は小さくなる．内部抵抗無限大のモーターを使うと無限にゆっくりと仕事をさせることになる（準静的変化）．このときは電池の自由エネルギー変化をすべて仕事に変えることができる．

外界のエントロピー変化は，無駄になった自由エネルギー変化が熱として放出されたことになるので，これを温度で割って

(i)　　$\Delta S = \dfrac{2.123 \times 10^5 - 2.041 \times 10^5}{300} = 27.3 \,\text{J}\,\text{K}^{-1}$

(ii)　　$\Delta S = \dfrac{2.123 \times 10^5 - 2.118 \times 10^5}{300} = 0.17 \,\text{J}\,\text{K}^{-1}$

9.7　起電力の温度依存性と反応のエントロピー変化

(5.23) 式に (9.25) 式を代入すると

$$\Delta S = -\left(\frac{\partial \Delta G}{\partial T}\right)_P = zF\left(\frac{\partial E}{\partial T}\right)_P \qquad (9.32)$$

となる．したがって，起電力の温度変化から電池内反応のエントロピー変化が求まる．とくに，標準起電力 $E^{\ominus}$ の温度変化から標準エントロピー変化 $\Delta S^{\ominus}$ が求まる．

定圧では $\Delta H = \Delta G + T\Delta S$ であるから，ギブズ・ヘルムホルツの式 (5.31) に対応して

$$\Delta H = -zFE + zFT\left(\frac{\partial E}{\partial T}\right)_P = zFT^2\left[\frac{\partial (E/T)}{\partial T}\right]_P \qquad (9.33)$$

となる．したがって，起電力の温度変化から電池内反応のエンタルピー変化も

求められる．起電力の測定は熱量測定よりも容易かつ精密に行えるので，起電力の測定から求める方がより精密な反応熱やエントロピー変化の値が得られる．

例題 9.2 図 9.4 に示す，電池の起電力測定用などの標準電池として用いられているウェストン（Weston）電池は，記号を用いて*

$(-)$Cd アマルガム（12.5 %）| CdSO$_4$ 飽和溶液 |Hg$_2$SO$_4$ | Hg$(+)^*$

と表わされる．この電池が標準電池として用いられるのは，簡単に作られるだけでなく，起電力の温度変化が非常に小さいからである．起電力は

$$E = 0.94868 + 5.17 \times 10^{-4}T - 9.5 \times 10^{-7}T^2$$

で表わされる．電池内反応を書きその反応の ΔH と ΔS を求めよ．

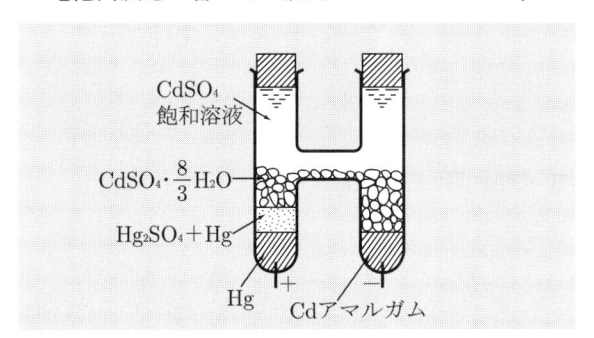

図 **9.4** ウェストン電池

解 電池内反応は

正極 　Hg$_2{}^{2+}$ + 2e$^-$ = 2Hg
負極 　Cd（アマルガム）= Cd^{2+} + 2e$^-$
全体 　Cd（アマルガム）+ Hg$_2{}^{2+}$ = Cd^{2+} + 2Hg

$$\begin{aligned}\Delta S &= 2F \left(\frac{\partial E}{\partial T}\right)_P \\ &= 2 \times 96485 \times (5.17 \times 10^{-4} - 2 \times 9.5 \times 10^{-7} \times 298) \\ &= -9.49 \,\mathrm{J\,K^{-1}}\end{aligned}$$

---

* 他の金属が水銀に溶けた合金をアマルガムという．

$$\Delta H = -2FE + T\Delta S = -2 \times 96485 \times (0.94868 + 5.17 \times 10^{-4}$$
$$\times 298 - 9.5 \times 10^{-7} \times 298^2) - 298 \times 9.49$$
$$= -1.9935 \times 10^5 \text{ J}$$

9.8 起電力と平衡定数

電池を放電し続けていると，電池内反応の進行とともに次第と起電力が低下し，ついに $E = 0$ となる．すなわち，自発的変化は起らなくなる．このときは (9.25) 式より $\Delta G = 0\,(A = 0)$ で，反応は平衡状態にある．平衡状態での活量を $a_i^{(e)}$ とすると，(9.31) 式より

$$E^{\ominus} = \frac{RT}{zF} \ln \prod_i a_i^{(e)\nu_i} \tag{9.34}$$

である．(8.19) 式より $\prod_i a_i^{(e)\nu_i} \equiv K_c$ であるから*

$$E^{\ominus} = \frac{RT}{zF} \ln K_c \tag{9.35}$$

となる．すなわち，標準起電力 $E^{\ominus}$ がわかれば平衡定数が計算できる．

たとえば，ダニエル電池は 25°C において $E^{\ominus} = 1.100\,\text{V}$ であるから

$$\log K_c = \frac{2F}{2.303RT} E^{\ominus} = \frac{2}{0.0591} \times 1.100 = 37.225$$

$$K_c = \frac{a_\pm{}^2(\text{ZnSO}_4)^{(e)}}{a_\pm{}^2(\text{CuSO}_4)^{(e)}} = 1.7 \times 10^{37}$$

となる．すなわち，この反応は完全に進行する．

また，(9.35) 式を用いて，難溶性の塩の**溶解度積** ** を求めることができる．たとえば，電池

---

* 実在溶液については濃度 c_i の代りに活量 a_i を用いる．
** solubility product. 難溶性の塩が溶解平衡 $\text{X}_m\text{Y}_n \rightleftarrows m\text{X}^{(+)} + n\text{Y}^{(-)}$ にあるとき，$K_s = [\text{X}^{(+)}]^m[\text{Y}^{(-)}]^n$ で定義される．[ ] は mol dm^{-3}．

$$(-)\mathrm{Ag}|\mathrm{Ag}^+(a_1)||\mathrm{Cl}^-(a_2)|\mathrm{AgCl(s)}|\mathrm{Ag}(+)$$

を考えると，電池内反応は

$$\text{正極}\quad \mathrm{AgCl} + \mathrm{e}^- = \mathrm{Ag} + \mathrm{Cl}^-$$
$$\text{負極}\quad \mathrm{Ag} = \mathrm{Ag}^+ + \mathrm{e}^-$$
$$\text{全体}\quad \mathrm{AgCl} = \mathrm{Ag}^+ + \mathrm{Cl}^-$$

である．この電池の標準起電力 $E^\ominus$ は 25°C で $-0.5766\,\mathrm{V}$ で，$z=1$ である．$a(\mathrm{AgCl}) = 1$ とおいて，(9.35) 式より

$$\log a(\mathrm{Ag}^+)^{(e)} a(\mathrm{Cl}^-)^{(e)} = \frac{-0.5766}{0.0591} = -9.756$$
$$a(\mathrm{Ag}^+)^{(e)} a(\mathrm{Cl}^-)^{(e)} = 1.75 \times 10^{-10} \quad (\mathrm{mol\,dm}^{-3})^2$$

となる．Ag^+ も Cl^- も濃度は $10^{-5}\mathrm{mol\,dm}^{-3}$ 程度で極めて小さいから，活量係数は 1 とみなしてよく，活量は濃度に等しいとみなせる．したがって溶解度積は

$$K_s = [\mathrm{Ag}^+][\mathrm{Cl}^-] = 1.75 \times 10^{-10} \quad (\mathrm{mol\,dm}^{-3})^2$$

である．

例題 9.3　電池

$\mathrm{Pt, H_2}\,(1\mathrm{atm})|\mathrm{KOH}(0.01\mathrm{mol\,dm}^{-3}) \,||\, \mathrm{HCl}(0.01\mathrm{mol\,dm}^{-3})\,\mathrm{H_2}\,(1\mathrm{atm}), \mathrm{Pt}$ の起電力は，$0.5874\,\mathrm{V}$ (25°C) である．この結果から水のイオン積 $K_\mathrm{w} = [\mathrm{H}^+][\mathrm{OH}^-]$ を求めよ．ただし，$0.01\,\mathrm{mol\,dm}^{-3}\,\mathrm{KOH}$，$0.01\,\mathrm{mol\,dm}^{-3}\,\mathrm{HCl}$ の活量係数は，0.90 である．

解

$\mathrm{Pt, H_2}(1\mathrm{atm})\,|\,\mathrm{KOH}(0.01\mathrm{mol\,dm}^{-3}) \,||\, \mathrm{HCl}\,(0.01\mathrm{mol\,dm}^{-3})\,|\,\mathrm{H_2}\,(1\mathrm{atm})$

この電池の電池内反応は

$$\text{右極反応}\quad \mathrm{H}^+(a_{\mathrm{H}^+}) + \mathrm{e}^- \longrightarrow \tfrac{1}{2}\mathrm{H_2}$$
$$\text{左極反応}\quad \mathrm{OH}^-(a_{\mathrm{OH}^-}) + \tfrac{1}{2}\mathrm{H_2} \longrightarrow \mathrm{H_2O} + \mathrm{e}^-$$
$$\overline{}$$
$$\text{全電池反応}\quad \mathrm{H}^+(a_{\mathrm{H}^+}) + \mathrm{OH}^-(a_{\mathrm{OH}^-}) = \mathrm{H_2O}$$

この電池の起電力は

$$E = E^\ominus - \frac{RT}{F}\ln\frac{1}{a_{H^+}a_{OH^-}}$$

$$\therefore\quad E^\ominus = E - \frac{RT}{F}\ln a_{H^+}a_{OH^-}$$

この電池反応の平衡定数 K は，(9.35) 式より

$$E^\ominus = \frac{RT}{F}\ln\frac{1}{a_{H^+}a_{OH^-}} = \frac{RT}{F}\ln K$$

である．K の逆数が水のイオン積 K_w である．この反応の標準自由エネルギー変化は

$$\Delta G^\ominus = -E^\ominus F = -RT\ln K = RT\ln K_w$$

$$\ln K_w = -\frac{E^\ominus F}{RT} = -\frac{EF}{RT} + \ln a_{H^+}a_{OH^-}$$

$$= -\frac{0.5874 \times 96485}{8.314 \times 298} + \ln 0.009^2 = -32.296$$

$$K_w = 0.94 \times 10^{-14}(\mathrm{mol\,dm^{-3}})^2$$

9.9 半電池と電極の種類

これまで見てきたように，電池は電極を溶液に浸したものを 2 つ組み合わせて構成されている．1 つの電極を溶液に浸したものを**半電池**（half cell）あるいは広義の電極とよぶ．代表的な半電池について説明する．

(1) **金属電極**（metal electrode）　金属をそのイオンを含む水溶液に浸したもので，金属を M，そのイオンを $M^{(+)}$ とすると，

$$M|M^{(+)}(a)$$

で表わされる．

(2) **アマルガム電極**（amalgam electrode）　Na のような活性の強い金属を電極とする場合，金属を水銀に溶かしてアマルガムとしたものを電極とする．合金中の金属の活量はその濃度に依存するから，アマルガム電極の起電力はアマルガム中の金属の濃度にも依存する．アマルガム電極は，金属が Na の場合

$$\text{Na} - \text{Hg}(m_1)|\text{Na}^+(a_2)$$

で表わされる．m_1 はアマルガム中の Na の濃度である．

(3) **気体電極**（gas electrode）　白金黒付白金*を電極物質の担体として，気体とそのイオンの水溶液とを接触させたものである．水素電極 (図 9.5)，塩素電極などがある．

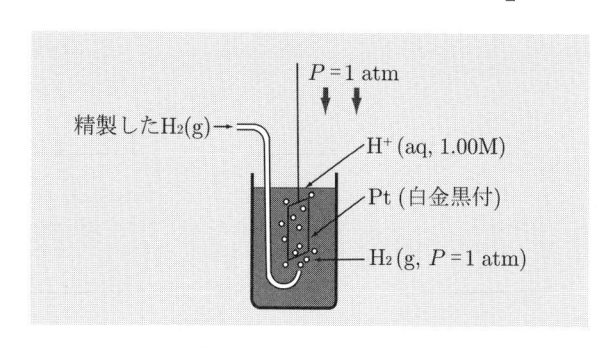

水素電極　$\text{Pt}, \text{H}_2(P\,\text{atm})|\text{H}^+(a)$　　$\dfrac{1}{2}\text{H}_2 = \text{H}^+ + \text{e}^-$

塩素電極　$\text{Pt}, \text{Cl}_2(P\,\text{atm})|\text{Cl}^-(a)$　　$\text{Cl}^- = \dfrac{1}{2}\text{Cl}_2 + \text{e}^-$

図 9.5　標準水素電極

(4) **酸化還元電極**（oxidation-reduction electrode）　電極上での反応はすべて電子の授受を伴う酸化還元反応であるが，とくに 2 種の異なる酸化状態を含む溶液に白金などの不活性金属を浸したものを，**酸化還元電極**という．たとえば，$\text{Fe}^{2+}(a_1)$ と $\text{Fe}^{3+}(a_2)$ を含む水溶液に白金を浸した電極

$$\text{Pt}|\text{Fe}^{2+}(a_1), \text{Fe}^{3+}(a_2)$$

などがそうである．電極反応は

$$\text{Fe}^{2+} = \text{Fe}^{3+} + \text{e}^-$$

---

* 電気分解によって白金表面にコロイド状の白金を付着させたもの．白金の表面積が大きく，気体をよく吸着し，触媒としての機能にも秀でている．一般に，金属等の伝導性物質をコロイド状にすると黒くなる．

で，白金板がイオン間の電子の授受を仲介している．

(5) **金属–難溶性塩電極** 金属にその難溶性の塩を接触させ，それが，この塩と同じ陰イオンを含む溶液に接しているものである．代表的な例として，カロメル*電極 (図 9.6) や銀–塩化銀電極 (図 9.8) がある．

$$\mathrm{Hg}|\mathrm{Hg}_2\mathrm{Cl}_2(\mathrm{s}), \mathrm{Cl}^- \qquad \mathrm{Ag}|\mathrm{AgCl}, \mathrm{Cl}^-$$

電極反応はそれぞれ次のようにしてなる．

$$\mathrm{Hg} + \mathrm{Cl}^- \rightleftarrows \frac{1}{2}\mathrm{Hg}_2\mathrm{Cl}_2 + \mathrm{e}^- \qquad \mathrm{Ag} + \mathrm{Cl}^- \rightleftarrows \mathrm{AgCl} + \mathrm{e}^-$$

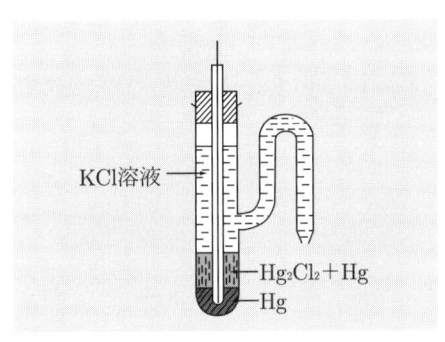

図 9.6 飽和カロメル半電池

9.10 標準電極電位

単独の半電池の電位を測定することはできない．その理由は，電位を測定するために，電極や溶液に電位計からの導線を接触させると，その金属と電極や溶液とのあいだに電位差を生じてしまうからである．溶液に導線金属を挿入した場合，それ自体が 1 つの電極となっている．したがって，半電池における電位の絶対値を求めることはできない．

半電池の電位を求めるためには，特定の半電池を基準に選び，これと組み合わせて電池を構成し，その起電力でもって半電池の電位とする．これは，基準

---

* calomel. 甘汞ともいう．

に選んだ半電池の電位との差を，その半電池の電位とみなすことを意味している*.

標準の半電池としては，1atm の水素と，相対活量が 1 の水素イオン水溶液からなる水素電極

$$\mathrm{Pt, H_2(1atm) | H^+}(a_\pm = 1)$$

をとる．これを**標準水素電極** (standard hydrogene electrode) という．標準水素電極を左に，他の半電池を右において構成した電池

$$\mathrm{Pt, H_2(1atm) | H^+}(a_\pm = 1) || \mathrm{X}^z | \mathrm{X} \tag{9.36}$$

の起電力を，半電池 $\mathrm{X}^z | \mathrm{X}$ の**電極電位** (electrode potential) という．とくに，標準状態 (X^z の相対活量が1, 圧力 1 atm) での起電力を**標準電極電位** (standard electrode potential) という．

標準水素電極を左側に書くので，放電の際

$$\text{左側で酸化} \quad \mathrm{H_2} \longrightarrow 2\mathrm{H}^+ + 2\mathrm{e}^-$$
$$\text{右側で還元} \quad \mathrm{M}^{z+} + z\mathrm{e}^- \longrightarrow \mathrm{M}$$

が起るとき，起電力は正となる．簡単のために $\mathrm{M} = \mathrm{Cu}\,(z=2)$ とすると，電池内反応は

$$\mathrm{H_2 + Cu^{2+} \longrightarrow Cu + 2H^+}$$

となり，金属イオンが水素により還元されることになる．起電力が負の場合には，逆に，水素イオンが金属によって還元されて単体の $\mathrm{H_2}$ となる．そこで，電池 (9.36) の起電力は，**還元電位**ともいう．右側の電極における還元反応の進行のしやすさを定量的に表わしたものとなっており，端的にいえば，起電力が正の場合は水素で還元可能であり，負の場合は水素イオンを還元することができる．したがって，還元電位が負の場合は金属 M は水素を発生して酸に溶ける．

表 9.3 に，25°C における標準電極電位 (還元電位) を示す．起電力が負で値

---

* 日本における陸地や海面の高度を，東京湾の満潮時の海水面の高さとの差で定めるのと同じように考えられる．

9.10 標準電極電位

が大きいほど電極物質の還元力が強い．したがって，この表は金属（等）のイオン化傾向を定量的に表わしたものに他ならない．

表 9.3 を用いて，これらの電極を組み合わせてつくられた電池の標準起電力 $E^\ominus$ が標準電極電位の差として直ちに求められる．たとえば，電池

表 9.3 標準電極電位（還元電位*）

電　　極	電　極　反　応	$E^\ominus/V$
酸　性　溶　液		
$Li^+|Li$	$Li^+ + e^- = Li$	-3.045
$K^+|K$	$K^+ + e^- = K$	-2.925
$Ba^{2+}|Ba$	$Ba^{2+} + 2e^- = Ba$	-2.923
$Ca^{2+}|Ca$	$Ca^{2+} + 2e^- = Ca$	-2.866
$Na^+|Na$	$Na^+ + e^- = Na$	-2.714
$Mg^{2+}|Mg$	$Mg^{2+} + 2e^- = Mg$	-2.363
$Al^{3+}|Al$	$Al^{3+} + 3e^- = Al$	-1.662
$Mn^{2+}|Mn$	$Mn^{2+} + 2e^- = Mn$	-1.180
$Zn^{2+}|Zn$	$Zn^{2+} + 2e^- = Zn$	-0.7628
$Cr^{3+}|Cr$	$Cr^{3+} + 3e^- = Cr$	-0.744
$Fe^{2+}|Fe$	$Fe^{2+} + 2e^- = Fe$	-0.4402
$Sn^{2+}|Sn$	$Sn^{2+} + 2e^- = Sn$	-0.140
$Fe^{3+}|Fe$	$Fe^{3+} + 3e^- = Fe$	-0.036
$D^+|D_2, Pt$	$2D^+ + 2e^- = D_2$	-0.0034
$H^+|H_2, Pt$	$2H^+ + 2e^- = H_2$	0
$Sn^{4+}, Sn^{2+}|Pt$	$Sn^{4+} + 2e^- = Sn^{2+}$	$+0.15$
$Cu^{2+}, Cu^+|Pt$	$Cu^{2+} + e^- = Cu^+$	$+0.153$
$Cl^-|AgCl|Ag$	$AgCl + e^- = Ag + Cl^-$	$+0.2225$
$Cu^{2+}|Cu$	$Cu^{2+} + 2e^- = Cu$	$+0.337$
$I^-|I_2, Pt$	$I_2 + 2e^- = 2I^-$	$+0.5355$
$Fe^{2+}, Fe^{3+}|Pt$	$Fe^{3+} + e^- = Fe^{2+}$	$+0.771$
$Ag^+|Ag$	$Ag^+ + e^- = Ag$	$+0.7991$
$Hg_2^{2+}, Hg^{2+}|Pt$	$2Hg^{2+} + 2e^- = Hg_2^{2+}$	$+0.92$
$Cl^-|Cl_2, Pt$	$Cl_2 + 2e^- = 2Cl^-$	$+1.3595$
塩　基　性　溶　液		
$SO_3^{2-}, SO_4^{2-}, OH^-|Pt$	$SO_4^{2-} + H_2O + 2e^- = SO_3^{2-} + 2OH^-$	-0.93
$OH^-|H_2, Pt$	$2H_2O + 2e^- = H_2 + 2OH^-$	-0.82806
$OH^-|Ni(OH)_2|Ni$	$Ni(OH)_2 + 2e^- = Ni + 2OH^-$	-0.72
$OH^-, HO_2^-|Pt$	$HO_2^- + H_2O + 2e^- = 3OH^-$	$+0.878$

* 酸化電位は還元電位の符号を逆にしたものである．

$$\text{Cu}|\text{Cu}^{2+}(a_\pm = 1)||\text{Li}^+(a_\pm = 1)|\text{Li}$$

の 25°C における起電力は次のようになる．

$$-3.045 - 0.337 = -3.382\,\text{V}$$

一般に

> 電池の起電力 = 右側極の電位 − 左側極の電位

である．

　2つの電極を接触させた際に溶液間に**液間電位差** (liquid-junction potential) を生ずる．液間電位差は主として陽イオンと陰イオンの移動度の差が原因となる．液間電位差を取り除くために，2つの電極を**塩橋** (salt bridge) で連結する．塩橋は塩化カリウムの濃い溶液をゼラチンなどで固めたものを用いる．これは K^+ と Cl^- の両イオンの移動度がほぼ等しく，液間電位差を生じないためである．

9.11　濃 淡 電 池

　化学反応は起らなくても，電極物質や電解質溶液の濃度が異なるだけの電極を組み合わせても起電力を生ずる．これを**濃淡電池**という．濃淡電池には，分圧が異なる気体電極を組み合わせたものもある．これらの濃淡電池について具体的に説明し，その熱力学的意味について考察する．

　(i)　**電解質濃淡電池**　濃度が異なる電解質溶液からなる電極を組み合わせたもので，たとえば

$$\text{Cu}|\text{Cu}^{2+}(a_1)||\text{Cu}^{2+}(a_2)|\text{Cu}$$

などがその例である．電池内反応は

$$\begin{array}{ll} \text{左側} & \text{Cu} = \text{Cu}^{2+}(a_1) + 2\text{e}^- \\ \text{右側} & \text{Cu}^{2+}(a_2) + 2\text{e}^- = \text{Cu} \\ \hline \text{全体} & \text{Cu}^{2+}(a_2) = \text{Cu}^{2+}(a_1) \end{array}$$

である.この電池の起電力は,$E^{\ominus}=0$ であるから,(9.31) 式より

$$E = -\frac{RT}{2F} \ln \frac{a_1}{a_2}$$

となる.a_2 が a_1 の 10 倍のとき起電力は 0.0296 V である.

この電池の起電力は,$CuSO_4$ の化学ポテンシャルが濃度に依存することに起因しており,電池内反応の進行に伴って濃度の濃い方から薄い方へ $CuSO_4$ が移動する際の自由エネルギー変化を電気エネルギーとして取り出したものに他ならない.

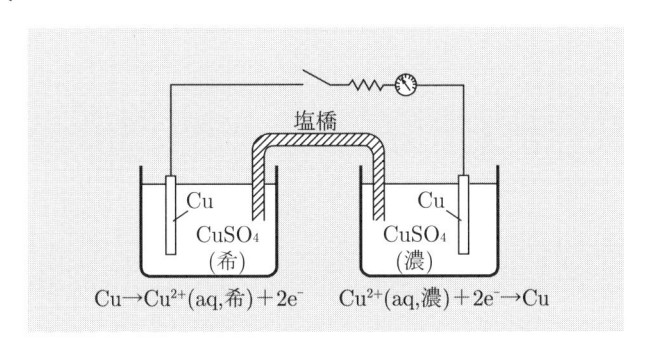

図 9.7　電解質濃淡電池と塩橋

(ii)　**電極濃淡電池**　純粋な金属の活量は 1 であるが,金属を水銀に溶かしてアマルガムにすると,濃度が低いほど活量は小さくなる.したがって同じ濃度の電解液に接したアマルガム電極を組み合わせても,電極の活量(すなわち化学ポテンシャル)の差のために起電力を生ずる.たとえば,電池

$$Hg-Cd(a_1)|Cd^{2+}|Hg-Cd(a_2)$$

の電池内反応は

$$\begin{array}{ll} 左側 & Cd(a_1) = Cd^{2+} + 2e^- \\ 右側 & Cd^{2+} + 2e^- = Cd(a_2) \\ \hline 全体 & Cd(a_1) = Cd(a_2) \end{array}$$

となり,起電力は次のようになる.

$$E = -\frac{RT}{2F} \ln \frac{\mathrm{Cd}(a_2)}{\mathrm{Cd}(a_1)}$$
$$= -0.0295 \log \frac{\mathrm{Cd}(a_2)}{\mathrm{Cd}(a_1)}$$
$$= 0.0295 \log \frac{\mathrm{Cd}(a_1)}{\mathrm{Cd}(a_2)}$$

この場合 Cu^{2+} イオンの濃淡電池とは符号が逆になる．

(iii) **気体濃淡電池** これも電極濃淡電池の1種である．(6.26) 式からわかるように気体の化学ポテンシャルは分圧に依存するために，分圧の異なる気体電極を組み合わせたものも電位差を生ずる．たとえば，電池

$$\mathrm{Pt}, \mathrm{H}_2(P_1) | \mathrm{H}^+ | \mathrm{Pt}, \mathrm{H}_2(P_2) \quad および \quad \mathrm{Pt}, \mathrm{Cl}_2(P_1) | \mathrm{Cl}^- | \mathrm{Pt}, \mathrm{Cl}_2(P_2)$$

の電池内反応は，それぞれ

左側	$\mathrm{H}_2(P_1) = 2\mathrm{H}^+ + 2\mathrm{e}^-$	$2\mathrm{Cl}^- = \mathrm{Cl}_2(P_1) + 2\mathrm{e}^-$
右側	$2\mathrm{H}^+ + 2\mathrm{e}^- = \mathrm{H}_2(P_2)$	$\mathrm{Cl}_2(P_2) + 2\mathrm{e}^- = 2\mathrm{Cl}^-$
全体	$\mathrm{H}_2(P_1) = \mathrm{H}_2(P_2)$	$\mathrm{Cl}_2(P_2) = \mathrm{Cl}_2(P_1)$

となり，起電力はそれぞれ次のようになる．

$$E = -\frac{RT}{2F} \ln \frac{P_2}{P_1} \qquad E = -\frac{RT}{2F} \ln \frac{P_1}{P_2}$$

9.12 ガラス電極によるpHの測定

Sørensen(セーレンセン)は水溶液の pH を，水素イオンのモル濃度 $[\mathrm{H}^+]$ によって

$$\mathrm{pH} = -\log [\mathrm{H}^+] \tag{9.37}$$

と定義したが，実在溶液については，H^+ の相対活量 a_{H^+} によって

$$\mathrm{pH} = -\log a_{\mathrm{H}^+} \tag{9.38}$$

と定義が改められた．H^+ の活量を単独に求めることはできないので，今日で

9.12 ガラス電極による pH の測定

は，(9.38) 式で定義した pH に近い値が得られるものとして，水素電極とカロメル電極を組み合わせた電池の起電力によって pH を測定している．電池

$$\text{Pt}, \text{H}_2(1\text{atm})|\text{H}^+(a_1)||\text{Cl}^-(飽和\ \text{KCl}\ 溶液)|\text{Hg}_2\text{Cl}_2|\text{Hg}$$

の電池内反応は

$$\text{H}_2(1\text{atm}) + \text{Hg}_2\text{Cl}_2(\text{s}) = 2\text{H}^+ + 2\text{Cl}^- + 2\text{Hg}$$

となり*，起電力は

$$\begin{aligned}E &= E^\ominus - \frac{RT}{2F} \ln a^2(\text{H}^+)a^2(\text{Cl}^-) \\ &= E^\ominus - \frac{RT}{F} \ln a(\text{H}^+)a(\text{Cl}^-)\end{aligned}$$

で与えられる．飽和 KCl 溶液中の $a(\text{Cl}^-)$ は一定とみなせるので，25°C では

$$\begin{aligned}E &= E^\ominus - \frac{RT}{F} \ln a(\text{Cl}^-) - \frac{RT}{F} \ln a(\text{H}^+) \\ &= E_{\text{ref}} - 0.0591 \log a(\text{H}^+)\end{aligned}$$

と書ける．ここで $E_{\text{ref}} = E^\ominus - 0.0591 \log a(\text{Cl}^-)$ である．

したがって，(9.38) 式で定義される pH は，25°C では

$$\text{pH} = -\log a_{\text{H}^+} = \frac{E - E_{\text{ref}}}{0.0591} \quad (9.39)$$

となる，E_{ref} は $[\text{H}^+]$ の値が既知でかつ $[\text{H}^+] = a_{\text{H}^+}$ とみなしうるような希酸水溶液などで起電力を測定して決定する．カロメル電極を用いた場合の E_{ref} は 25°C で 0.2415 V である．

水素標準電極は実用としては不便である．水素ガスを 1 気圧で供給する必要があるし，白金黒が触媒毒に犯されて寿命が短いからである．実際の pH の測定には，図 9.8 に示すような，**ガラス電極** (glass electrode) を用いて，

---

* (左側) $\text{H}_2(1\text{atm}) = 2\text{H}^+(a_1) + 2\text{e}^-$，(右側) $\text{Hg}_2\text{Cl}_2(\text{s}) + 2\text{e}^- = 2\text{Hg} + 2\text{Cl}^-$

Ag|AgCl(s)|HCl(0.1 mol dm^{-3})*| ガラス膜 | 試料溶液 |KCl 溶液 |Hg$_2$Cl$_2$(s)|Hg

の起電力を測定する．ガラス電極は，薄いガラス膜が H$^+$ のみを通す半透膜となることを利用したもので，ガラス膜の内外の a_{H^+} が異なると H$^+$ の化学ポテンシャルの差により起電力を生ずる．中には銀-塩化銀電極が入れてある．pH メーターは，上記の電池の起電力を電気回路によって増幅し，メーターの針が直接 pH の値を示すように設計したものである．

ナトリウムイオン Na$^+$ だけを通すガラス薄膜などもつくられている．そのような電極を用いると a_{Na^+} などを直接に測定するイオン濃度計もつくることができる．

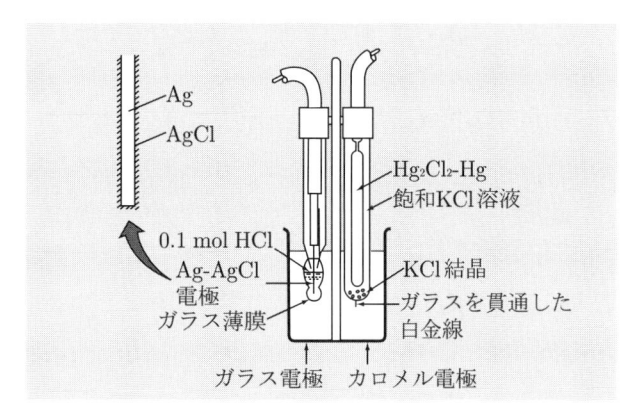

図 9.8 カロメル電極と組み合わせたガラス電極
Ag-AgCl 電極は Ag 棒を塩素ガスと反応させてつくる．

演 習 問 題

1 ある弱電解質 AB が水中で，AB $\rightleftarrows$ A$^+$ + B$^-$ の解離平衡を示す．AB の 0.001 mol dm^{-3} の水溶液の凝固点降下を測定したら，$\Delta T_f = -0.00257$ K であった．この電解質溶液のファント・ホッフの係数 i を求めよ．

2 水 0.5 dm^3 に酢酸 4.2 g を含む溶液の電離度および pH を求めよ．また電離度が 10 ％になるときの濃度はいくらか．酢酸の電離定数は表 9.1 の値を用いよ．

---

* mol/l は実質上 mol dm^{-3} と同じとみなしてよい．

演 習 問 題

3 表 9.3 のデータを用いて，次の問に答えよ．
(1) Ag, Cu, Fe, H₂, Sn, Zn のイオン化列の順序を記せ．
(2) 次の電池の起電力（25°C）を求めよ．ただし（ ）内は活量を示す．
  (a) Zn|Zn^{2+}(1.0)||H$^+$(1.0)|H$_2$(1 atm), Pt
  (b) Sn|Sn^{2+}(1.0)||Ag$^+$(0.1)|Ag
  (c) Cu|Cu^{2+}(1.0)||Fe^{3+}(1.0), Fe^{2+}(0.01)|Pt

4 次の電池の電池内反応式を記し，その標準ギブズエネルギー変化（25°C）を求めよ（表 9.3 のデータを用いよ）．

$$\text{Ag|AgCl|HCl|Cl}_2, \text{Pt}$$

5 電池 Zn|Zn^{2+}||Cd^{2+}|Cd について次の問に答えよ．
(1) 負極および正極で起る反応
(2) 電池全体としての反応
(3) 酸化剤および還元剤
(4) Zn は CdSO$_4$ と自発的に反応するか．また生成物は何か．

6 鉛蓄電池は，電解液（硫酸）の比重が 1.15g cm^{-3} のとき 1.97V（25°C）であり，その温度係数は $4.0 \times 10^{-4} \text{V K}^{-1}$ である．電池内反応の化学反応式を示し，この反応に伴う $\Delta G, \Delta H$ および ΔS を求めよ．

7 次の電池を組み立て，起電力を 25°C で測定したところ 0.050V であった．

$$\text{Pt}, \text{H}_2|\text{HCl}(0.01 \text{ mol dm}^{-3})||\text{HCl}(x \text{ mol dm}^{-3})|\text{H}_2, \text{Pt}$$

濃度 x を決定せよ．ただし HCl 溶液は完全電離しており，活量の代りに濃度を用いてもよい．

8 Ag$^+$|Ag および I$^-$|AgI|Ag の標準電極電位はそれぞれ $+0.7991 \text{V}$ および -0.1518V である．これらの値を用いて AgI の溶解度積を求めよ．

9

$$\text{Hg-Pb}(a_1)|\text{PbSO}_4 \text{溶液}|\text{Hg-Pb}(a_2)$$

なるアマルガム濃淡電池において両極のアマルガム中の Pb の濃度がそれぞれ左 10 %，右 1 % であった．この電池の 25°C における起電力を求めよ．ただし活量の代りに濃度を用いてもよい．

10 H$_2$O(ℓ), H$_2$(g), O$_2$(g) の標準エントロピー（25°C）は，それぞれ 69.9, 130.6, $205.0 \text{ J K}^{-1} \text{ mol}^{-1}$ である．水素酸素燃料電池

$$\text{Pt}, \text{H}_2(1 \text{ atm})|\text{KOH aq}|\text{O}_2(1 \text{ atm}), \text{Pt}$$

の標準起電力の温度係数 $(\partial E°/\partial T)_P$（25°C）を求めよ．

付録 1 物理化学量と単位

物理化学量の名称,記号,単位などを合理的で一貫したものにし,しかも国際的にも学問分野間でも統一されたものにしようとする努力が国際的に長年にわたって続けられてきた.化学の分野では国際純正応用化学連合 IUPAC という国際機関がこうした標準化を推進してきたが,1969 年に開かれたその総会において,"物理化学量および単位に関する記号と術語の手引(Manual of Symbols and Terminology for Physicochemical Quantities and Units)"を採択し,今後,これが各国で採用されることを推奨することになった.

この手引では物理量の単位として**国際単位系 (SI 単位)** を全面的に採用している.本書においても,できる限りこの手引の取り決めを尊重し,単位についても SI 単位を用いることにした.ただし,従来使いなれている非 SI 単位を完全に破棄し,すべてを SI 単位だけで記述するとかえって理解を妨げることも予想されるので,必要と思われる場合には非 SI 単位も用い,それらの SI 単位との換算を 156 ページに示した.

ここでは物理量と **SI 基本単位**について簡単に述べ,次節には SI 基本単位に新たに加えられた物理量について述べることにする.

SI 単位においては表 1 に示すように相互に独立な 7 種の基本単位を定めている.

表 1 SI 基本単位

物理量	物理量の記号	SI 単位の名称	SI 単位の記号
長さ	l	メートル (metre)	m
質量	m	キログラム (kilogramme)	kg
時間	t	秒 (second)	s
電流	I	アンペア (ampere)	A
熱力学的温度	T	ケルビン (kelvin)	K
物質量	n	モル (mole)	mol
光度	I_V	カンデラ (candela)	cd

付録 1 物理化学量と単位

表 2 特別な名称と記号をもつ SI 組立単位の例

物理量	SI 単位の名称	SI単位の記号	SI 単位の定義
エネルギー	ジュール (joule)	J	$kg\ m^2\ s^{-2}$
力	ニュートン (newton)	N	$kg\ m\ s^{-2} = J\ m^{-1}$
圧力	パスカル (pascal)	Pa	$kg\ m^{-1}\ s^{-2} = N\ m^{-2} = J\ m^{-3}$
電荷	クーロン (coulomb)	C	$A\ s$
コンダクタンス	ジーメンス (siemens)	S	$kg^{-1}\ m^{-2}\ s^3\ A^2 = \Omega^{-1}$

　これ以外の物理量の単位は，これらの基本単位の積や商として誘導され，それらは **SI 組立単位** とよばれる．組立単位のあるものは特別の名称をもつが，その例を表 2 に示す*．

　物理量はすべて純粋な数値と単位との積である．すなわち

$$(物理量) = (数値) \times (単位)$$

したがって，数値である測定値を表わすためには

$$(物理量) / (単位) = (数値)$$

のような表現が使われる．たとえば $T = 273.15$ K，あるいは $T/K = 273.15$ と表わされ，$T = 273.15$ とはしない．

◆　物質量とその単位

　7 種の SI 基本単位のうちの 1 つである**物質量**（amount of substance）の単位としてのモルは化学の分野でとくにしばしば用いられるので，ここに改めて説明しておく．

　SI 単位では物理量の単位モル（mole）を次のように定義する．

　"0.012 kg の炭素 - 12 に含まれる炭素原子と同数の**単位粒子**（elementary entities）を含む系の物質量を 1 mole とする．単位粒子とは原子，分子，イオン，電子その他の粒子またはこれらの特定の組立せなどであり，明確に規定されていなければならない．"

　この定義は次のように表わすことができる．

$$n/\mathrm{mol} = \frac{(明確に規定された単位粒子の数)}{(0.012\ \mathrm{kg}\ の炭素\text{-}12\ に含まれる炭素原子と同じ数)}$$

---

*　これはごく一部の例にすぎない．

または

$$n = \frac{\text{(明確に規定された単位粒子の数)}}{(0.012\,\text{kg の炭素-12 に含まれる炭素原子と同じ数}) \times \text{mol}^{-1}}$$

(0.012 kg の炭素-12 に含まれる炭素原子と同じ数)×mol^{-1} という物理量は L (または N_A) の記号で表わされ，これを**アボガドロ定数**（Avogadro constant）とよぶ．その推奨値は

$$L/\text{mol} = 6.022199 \times 10^{23} \pm 0.000047 \times 10^{23}$$

である．単位粒子の数を N とすると $N = nL$ の関係にある．

◆ 諸単位の換算

SI 単位と他の単位との換算を示す．

圧力の単位の換算表

単 位	Pa	atm	Torr
1 Pa	1	$0.986\,92 \times 10^{-5}$	$7.500\,6 \times 10^{-3}$
1 atm	101 325	1	760
1 Torr	133.322	$1.315\,79 \times 10^{-3}$	1

$1\,\text{Pa} = 1\,\text{Nm}^{-2} = 10\,\text{dyn}\,\text{cm}^{-2} = 10^{-5}\,\text{bar}$

エネルギーの単位の換算表

単 位	J	cal	dm^3 atm
1 J	1	0.239 01	$9.869\,2 \times 10^{-3}$
1 cal	4.184	1	$4.129\,3 \times 10^{-2}$
1 dm^{3}atm	101.325	24.217	1

$1\,\text{J} = 1\,\text{V}\,\text{C} = 10^7\,\text{erg}$

単 位	J	eV	kJ mol^{-1}
1 J	1	$6.241\,5 \times 10^{18}$	$6.022\,0 \times 10^{20}$
1 eV	$1.602\,19 \times 10^{-19}$	1	96.485
1 kJ mol^{-1}	$1.660\,57 \times 10^{-21}$	$1.036\,4 \times 10^{-2}$	1

付録2 基本物理定数

量	記号および等価な表現	値
真空中の光速度	c	$2.997\ 924\ 58 \times 10^8$ m·s^{-1}
真空の誘電率	$\varepsilon_0 = (\mu_0 c^2)^{-1}$	$8.854\ 187\ 817\cdots \times 10^{-12}$ F·m^{-1}
電気素量	e	$1.602\ 176\ 462(63) \times 10^{-19}$ C
プランク定数	h	$6.626\ 068\ 76(52) \times 10^{-34}$ J·s
	$\hbar = h/2\pi$	$1.054\ 571\ 596(82) \times 10^{-34}$ J·s
アボガドロ定数	L, N_A	$6.022\ 141\ 99(47) \times 10^{23}$ mol^{-1}
原子質量単位	$1\mathrm{u} = 10^{-3}$ kg mol$^{-1}/L$	$1.660\ 538\ 73(13) \times 10^{-27}$ kg
電子の静止質量	m_e	$9.109\ 381\ 88(72) \times 10^{-31}$ kg
陽子の静止質量	m_p	$1.672\ 621\ 58(13) \times 10^{-27}$ kg
中性子の静止質量	m_n	$1.674\ 927\ 16(13) \times 10^{-27}$ kg
ファラデー定数	$F = Le$	$9.648\ 534\ 15(39) \times 10^4$ C·mol^{-1}
リュードベリ定数	$R_\infty = \mu_0^2 m_e e^4 c^3 / 8h^3$	$1.097\ 373\ 156\ 854\ 8(83) \times 10^7$ m^{-1}
ボーア半径	$a_0 = \alpha/4\pi R_\infty$	$5.291\ 772\ 083(19) \times 10^{-11}$ m
気体定数	R	$8.314\ 472(15)$ J·K^{-1}·mol^{-1}
セルシウス目盛りにおけるゼロ	T_0	273.15 K (厳密に)
	RT_0	$2.271\ 081(70) \times 10^3$ J·mol^{-1}
標準大気圧	P_0	$1.013\ 25 \times 10^5$ Pa (厳密に)
理想気体の標準モル体積	$V_0 = RT_0/P_0$	$2.241\ 399\ 6(39) \times 10^{-2}$ m^3·mol^{-1}
ボルツマン定数	$k = R/L$	$1.380\ 650\ 3(24) \times 10^{-23}$ J·K^{-1}

 国際学術連合会議 科学技術データ委員会(1998年)による.
 各数値の後のかっこ内に示された数はその数値の標準偏差を最終けたの1を単位として表わしたものである.

付録3 偏導関数と全微分

1 状態式と多変数関数

 一定量の純物質が平衡状態にある系は,一般に2つの状態変数を指定すると一義的に定まる.たとえば,温度 T と圧力 P を指定すると,系の体積,内部エ

ネルギー，屈折率などの量は一義的に定まる．したがって，これらの量は**状態量**である．体積 V が T, P の関数であることは，陽関数表示で

$$V = f(T, P) \tag{1}$$

あるいは陰関数表示で

$$g(V, T, P) = 0 \tag{2}$$

と表わされる．(1) 式や (2) 式は**状態式**である．

(1) 式に見られるように，状態式は一般には 2 変数以上の多変数関数である．

2 多変数関数の微分と導関数

2 変数関数 $U = f(x, y)$ の独立変数 y が一定の値をとり，x だけが変化するとき，U は x だけの関数となる．$y =$ 一定の条件の下に求められた極限値

$$\lim_{\Delta x \to 0} \frac{\Delta U}{\Delta x} = \lim \frac{f(x + \Delta x, y) - f(x, y)}{\Delta x} \tag{3}$$

を，関数 U の x に関する**偏微分係数**あるいは**偏導関数**といい，次のように書き表わす：

$$\frac{\partial f(x, y)}{\partial x}, \quad f_x(x, y), \quad \left(\frac{\partial U}{\partial x}\right)_y \tag{4}$$

同じようにして，U の y に関する偏導関数は

$$\frac{\partial f(x, y)}{\partial y}, \quad f_y(x, y), \quad \left(\frac{\partial U}{\partial y}\right)_x \tag{5}$$

と表わされる．

3 全 微 分

x と y が共に変化したときの U の全増分 ΔU は次のように書ける：

$$\begin{aligned}\Delta U &= f(x + \Delta x, y + \Delta y) - f(x, y) \\ &= [f(x + \Delta x, y + \Delta y) - f(x, y + \Delta y)] + [f(x, y + \Delta y) - f(x, y)]\end{aligned} \tag{6}$$

$\Delta x \to 0, \Delta y \to 0$ の極限をとると，(6) 式は次の形に帰着する：

付録3　偏導関数と全微分　　　**159**

$$\lim_{\substack{\Delta x \to 0 \\ \Delta y \to 0}} \Delta U = dU = \left(\frac{\partial U}{\partial y}\right)_x dy + \left(\frac{\partial U}{\partial x}\right)_y dx \tag{7}$$

dU は U の**全微分**とよばれる.

4　線積分と状態量

　いま平面上に（一般的には n 次元の空間内に）方向を持った曲線 (l) が与えられているとする (図 1). A をこの曲線の始点, B を終点とし, この曲線の長さは始点 A から測るものとする. いま, この曲線の上に, 連続関数 $f(\mathrm{M})$ が定義されているとする. 曲線 (l) を中間の点 $\mathrm{M}_0, \mathrm{M}_1, \cdots, \mathrm{M}_{n-1}, \mathrm{M}_n$ で n 個に分ける. ただし M_0 は点 A に, M_n は点 B に一致している. 各部分 $\mathrm{M}_k\mathrm{M}_{k+1} (k=0,1,\cdots,n-1)$ の上に任意の 1 点 N_k をとり, 和

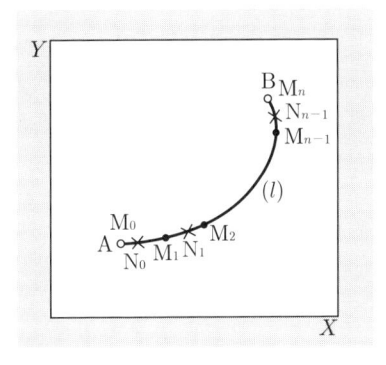

図 1

$$\sum_{k=0}^{n-1} f(\mathrm{N}_k) \Delta S_k \tag{8}$$

をつくる. ここで ΔS_k は $\mathrm{M}_k\mathrm{M}_{k+1}$(曲線の弧) の長さである. 分割の数 n を限りなく大きくし, 各部分 ΔS_k を限りなく小さくすると, 和 (8) 式は特定の値に収束する. この極限値を関数 $f(\mathrm{M})$ の (l) における**線積分**といい, 次のように書く:

$$\int_{(l)} f(\mathrm{M}) ds \equiv \lim_{n \to \infty} \sum_{k=0}^{n-1} f(\mathrm{N}_k) \Delta S_k \tag{9}$$

曲線 (l) の上を動く点 M の位置は弧の長さ $s = \mathrm{AM}$ によって一義的に定まるから, 関数 $f(\mathrm{M})$ を独立変数 s の関数とみなすことができる. すなわち

$$f(\mathrm{M}) = f(s) \tag{10}$$

したがって, 積分 (9) 式は s を積分変数とする通常の定積分とみなすこともできる. すなわち

$$\int_{(l)} f(\mathrm{M})ds = \int_0^l f(s)ds \tag{11}$$

ここで l は曲線 (l) の長さである．

(9) 式あるいは (11) 式で与えられる線積分の値が一義的に定まるということは，線積分が始点と終点だけで定まり，その途中どのような経路をとるかには無関係であることを意味している．たとえば，始点 A から終点 B までの線積分を別の経路 (l') 上で行っても，積分の値は (9) 式の値と一致する．

状態量は，線積分の値が始点と終点の位置だけで定まり，途中の経路には依存しない特別の場合に相当している．

5 線積分と面積

XY 平面上で，閉曲線 (l) によって囲まれている領域 (S) の面積 S を求める問題を考えよう．簡単のために，(l) はいたるところで凸であるとする (図 2)．そうすると，曲線 (l) は Y 軸に平行な直線とたかだか 2 回しか交わらない (X 軸と平行な直線についても同様)．Y 軸に平行な直線が領域 (S) にはいる点の縦座標を y_1，出る点の縦座標を y_2 とし，(l) の両端の横座標を a, b とすると，面積 S は

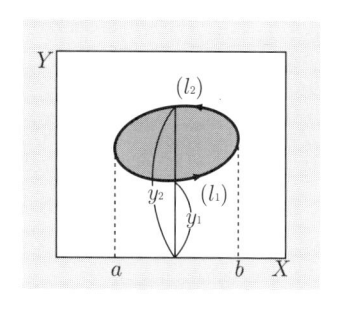

$$S = \int_a^b (y_2 - y_1)dx \tag{12}$$

図 2

で与えられる．(S) にはいる点と (S) から出る点に対応する曲線の部分をそれぞれ $(l_1), (l_2)$ とすると，(12) 式は

$$\begin{aligned} S &= \int_a^b y_2 dx - \int_a^b y_1 dx \\ &= -\int_b^a y_2 dx - \int_a^b y_1 dx = -\int_{(l_2)} y dx - \int_{(l_1)} y dx = -\int_{(l)} y dx \end{aligned} \tag{13}$$

となる．ただし $(l_1), (l_2)$ についての線積分は図中の矢印（時計の針と逆回り）

の方向にとるものとする．

X 軸に平行な線に注目して面積の積分を行えば，まったく同様にして

$$S = \int_{(l)} x dy \tag{14}$$

を得る（符号が正になることに注意）．両者の平均をとれば

$$S = \frac{1}{2} \int_{(l)} (x dy - y dx) \tag{15}$$

を得る．この式は，曲線 (l) が内側にくぼんでいる場合にも成り立つことが証明できる．

本文 49 ページ，図 3.8 のカルノーサイクルは，定温線と断熱線で囲まれた閉曲線となっている．この閉曲線に沿っての線積分は，曲線で囲まれた領域の面積を与える．この場合，積分は $\int P dV$ あるいは $\int V dP$ で，仕事に相当しており，面積は 1 サイクルにおいて系が外界に対してなす仕事 (正)，あるいは外界が系に対してなす仕事 (負) に相当している．不可逆変化のときは閉曲線の面積は準静的変化のときよりも必ず小さくなる．

6 グリーンの公式

前節では曲線 (l) や領域 (S) 上で定義された関数について考えず，XY 面そのものを取り扱ったが，本節では曲線や領域の各点で連続関数が定義されている場合について考えよう．

関数 $P(x, y)$ が境界 (l) まで含めた領域 (S) で連続で，連続な導関数 $\partial P(x, y) / \partial y$ を持っているとする．そうすると，(S) 上での 2 重積分について次の等式が成り立つ：

$$\iint_{(S)} \frac{\partial P(x, y)}{\partial y} d\sigma = \iint_{(S)} \frac{\partial P}{\partial y} dy dx = \int_a^b dx \int_{y_1}^{y_2} \frac{\partial P}{\partial y} dy$$
$$= \int_a^b [P(x, y_2) - P(x, y_1)] dx \tag{16}$$

ここで $d\sigma = dx dy$ は微小面素で，a, b, y_1, y_2 は図 2 に示したものと同じである．一方

$$\int_a^b P(x,y_1)dx = \int_{(l_1)} P(x,y)dx \qquad (17)$$

$$\int_a^b P(x,y_2)dx = -\int_b^a P(x,y_2)dx = -\int_{(l_2)} P(x,y)dx \qquad (18)$$

の関係があるので，(16) 式の積分は

$$\iint_{(S)} \frac{\partial P}{\partial y} d\sigma = -\int_{(l_2)} P(x,y)dx - \int_{(l_1)} P(x,y)dx = -\int_{(l)} P(x,y)dx \qquad (19)$$

となる．これは (13) 式に対応している．同様にして，(14) 式に対応して

$$\iint_{(S)} \frac{\partial Q(x,y)}{\partial x} d\sigma = \int_{(l)} Q(x,y)dy \qquad (20)$$

を得る．両者の和をとると，目的とするグリーンの公式が得られる：

$$\iint_{(S)} \left(\frac{\partial Q}{\partial x} - \frac{\partial P}{\partial y} \right) d\sigma = \int_{(l)} (Pdx + Qdy) \qquad (21)$$

グリーンの公式は，領域内の積分（面積分）を境界線上の線積分と関係づける重要な式である．

7　完全微分と状態量

 5 で，線積分で定義される量が状態量となるためには，線積分が始点と終点の座標だけで決まり，途中の経路には依存してはいけないことを示した．

この節では，グリーンの定理を利用して，線積分の値が積分の経路に依存しない条件を明らかにしよう．そのために，点 A から点 B までの線積分

$$\int_A^B (Pdx + Qdy) \qquad (22)$$

が積分の経路に依存しない条件は，A $\xrightarrow{(l_1)}$ B $\xrightarrow{(l_2)}$ A というサイクルで線積分を行ったときの関数の変化がゼロ（もとの値にもどる）ということを思い出そう．すなわち

$$\oint_{A\to B \to A} (Pdx + Qdy) = 0 \qquad (23)$$

ここで $\oint$ は閉じた曲線上での線積分を意味する．明らかに，このことは任意の閉曲線で成立しなければならない．グリーンの公式 (21) を用いると，このこと

付録 3 偏導関数と全微分

は任意の領域 (S) において

$$\iint_{(S)} \left(\frac{\partial Q}{\partial x} - \frac{\partial P}{\partial y} \right) d\sigma = 0 \tag{24}$$

となることを意味する．したがって，すべての x と y の値に対して

$$\frac{\partial Q}{\partial x} - \frac{\partial P}{\partial y} = 0 \tag{25}$$

が成り立たねばならない．

この条件が満たされるとき，点 $A(x_0, y_0)$ を固定して点 $B(x, y)$ を変動させれば，積分 (22) は点 B，すなわち (x, y) の関数となる：

$$\int_{(x_0, y_0)}^{(x, y)} (Pdx + Qdy) = V(x, y) \tag{26}$$

(26) 式の両辺において y を固定しておいて x だけ $x + \Delta x$ に増大させたときの増分の Δx との比を求め，平均値の定理を用いて $\Delta x \to 0$ の極限をとると

$$\frac{\partial V}{\partial x} = \lim_{\Delta x \to 0} P(x + \theta \Delta x, y) = P(x, y) \tag{27}$$

$(0 < \theta < 1)$ を得る．同様にして

$$\frac{\partial V}{\partial y} = Q(x, y) \tag{28}$$

したがって V の全微分をとると

$$dV = \frac{\partial V}{\partial x} dx + \frac{\partial V}{\partial y} dy = Pdx + Qdy \tag{29}$$

となる．すなわち，線積分 (22) が積分の経路に依存しないことの必要十分条件は，被積分関数 $Pdx + Qdy$ がある関数 V の全微分となっているということである．

(27) と (28) 式を (25) 式に代入すると

$$\left[\frac{\partial}{\partial y} \left(\frac{\partial V}{\partial x} \right)_y \right]_x = \left[\frac{\partial}{\partial x} \left(\frac{\partial V}{\partial y} \right)_x \right]_y \tag{30}$$

を得る．これは，内部エネルギー U に関する (1.23) 式に他ならない．

関数 V は積分の経路によらず，線積分の終点の座標だけの関数であるから，これまで述べてきた状態量のみたすべき条件を満足していることがわかる．ポテンシャル関数もこの条件をみたしており，状態量の特別の場合であることがわかる．

8　積分因子

式
$$Pdx + Qdy \tag{31}$$
が全微分でないとき，すなわち
$$\frac{\partial P}{\partial y} - \frac{\partial Q}{\partial x} \neq 0 \tag{32}$$
のときでも，適当な関数 μ を掛けたものが全微分になるように，すなわち
$$dU = \mu(Pdx + Qdy) \tag{33}$$
となるようにすることが常に可能であることが証明されている．μ のことを (32) 式の**積分因子**という．

本文でも説明してあるように，熱量 Q は完全微分量でなく，積分
$$\int_1^2 dQ \tag{34}$$
は積分の経路依存する．熱力学第 1 および第 2 の基本法則は，次の 2 つのことを命題として述べることに相当している．

1)　dQ と PdV の差は全微分である．
$$dU = dQ - PdV \tag{35}$$

2)　$1/T$ は dQ の積分因子である．すなわち
$$dS = dQ/T \tag{36}$$
は全微分である．

付録4　物理・化学量の記号

A	ヘルムホルツエネルギー，親和力	T	熱力学的温度(絶対温度)
C_P	定圧(モル)熱容量	t	セルシウス温度，時間
C_V	定積(モル)熱容量	U	内部エネルギー
E	起電力	V	体積
f_i	物質iの活量係数(モル分率を用いた場合)	$\bar{V}_i$	物質iの部分モル体積
		W	仕事
G	ギブズエネルギー	x_i	物質iのモル分率
g	自由落下の加速度	z	電池反応の電荷数
H	エンタルピー	α	解離度，体膨張率
K	平衡定数	γ	比C_P/C_V
k	ボルツマン定数	γ_i	物質iの活量係数
L	アボガドロ定数	κ	圧縮率
l	長さ，変位	μ_i	物質iの化学ポテンシャル
M	モル質量，分子量	ν	振動数
m_i	物質iの重量モル濃度	ν_i	物質iの化学量論係数
N	分子数	ξ	反応進行度
n	物質量	Π	浸透圧
P	圧力	ρ	密度
Q	熱	ϕ	電位
R	気体定数	○	"純物質"
S	エントロピー，面積	⊖	"標準"

　本書ではKやTに下つき添字をつけた記号を次の意味で用いている．

K_a	活量を用いて表わした平衡定数，酸解離定数	K_P	圧平衡定数
		K_w	水のイオン積
K_b	塩基解離定数，モル沸点上昇定数	T_b	沸点
K_c	濃度平衡定数	T_f	融点(凝固点)
K_f	モル凝固点降下定数	T_{tr}	転移点

問 題 略 解

第 1 章

1. (a) (1.14) 式より $W_r = nRT\ln(V_1/V_2) = nRT\ln(P_2/P_1)$ となる．$W_r = 3 \times 8.314 \times 300 \times \ln 5 = 1.20 \times 10^4$ J   (b) $Q = -W$ だから -120×10^4 J．(c) $\Delta U = 0$．

2. ヘリウムの体積は $V = nRT/P$ である．膨張の際 $P_e = 1$ atm だから外界にする仕事は $W = -P_e \times (V_f - V_i) = -2RT(1 - 1/2) = -2.27 \times 10^3$ J．$\Delta U = 0$ だから $Q = -W$ より 2.27×10^3 J の熱を吸収．準静的膨張では $Q_r = 2 \times 8.314 \times 273.15 \times \ln(2/1) = 3.15 \times 10^3$ J．

3. $P_e = 2$ atm. $W = -2 \times 2RT(1/2 - 1) = 4.54 \times 10^3$ J．4.54×10^3 J の熱を放出．

4. 結局外界は $4.54 \times 10^3 - 2.27 \times 10^{-3} = 2.27 \times 10^3$ J の熱が発生．

5. シリンダーの面積を S とするとピストンに加わる力は $f = PS$．重りの質量を m とすると，$f = mg$ (g は重力の加速度)．重りの落下距離 l は $\Delta V = lS$ できまる．ゆえに重りが失う位置エネルギー $mgl = PS \times \Delta V/S = P\Delta V$．膨張の際 $P = 1$ atm，圧縮の際 $P = 2$ atm で，その差は 1 atm．

第 2 章

1. 単原子分子であるから，$C_P = \dfrac{5}{2}R$．$Q = \dfrac{5}{2}R(\Delta T)$．$A = \dfrac{PV}{T}$ とおくと，1 atm では $A = 8.314$ J mol^{-1} deg^{-1}．10 気圧下でも V は $1/10$ になるので $A = 8.314$ J mol^{-1} deg^{-1}．ゆえに熱量は (a), (b) ともに $2 \times 2.5 \times 8.314 \times 10$ J．

2. $C_V = \dfrac{3}{2}R$．$Q = \dfrac{3}{2}R(\Delta T)$ で，他は上問と同じ．熱量が同じなのは，単位体積中のヘリウム原子の数が 10 atm 下でも 1 atm 下と変らないため．

3. 水蒸気の体積は $V = 22.4 \times 373 \div 273 = 30.6$ dm^3．水の体積は 18 cm^3 で水蒸気に比べて無視できる．仕事は $PV = RT = 8.314 \times 373 = 3.10 \times 10^3$ J．

4. 体積変化の仕事に相当する余分の熱を要しないから $40.67 - 3.10 = 37.57$ kJ mol^{-1}．

5. H$_2$ の分子量は 2.016 だから $C_V = 201.7 \times 2.016 \div 20 = 20.33$ J mol^{-1} deg^{-1}．$C_P = C_V + R = 20.33 + 8.31 = 28.64$ J mol^{-1} deg^{-1}．$\gamma = 28.64 \div 20.33 = 1.409$．並進と回転のみであれば $\gamma = 7/5 = 1.400$．振動にもエネルギーが分配されれば γ は 1.400 より小さくなる．したがってこの温度では H$_2$ 分子は実質上振動の励起は起っていない．

6. 状態 $1, 2, 3$ における温度を T_1, T_2, T_3 とする．過程 $1 \to 2$ では $Q_a = 0, W_a = 0$．ゆえに $\Delta U = 0$ で $T_1 = T_2$．過程 $2 \to 3$ では $W_b = -P_2(V_1 - V_2)$．$Q_b = C_P(T_2 - T_3)$．過程 $3 \to 1$ では $\Delta V = 0$ だから $W_c = 0$．$Q_c = C_V(T_3 - T_2)$．U

問　題　略　解　　167

は状態量だからこのサイクルで $\Delta U = 0$. ゆえに $Q_a+Q_b+Q_c+W_a+W_b+W_c = 0$ より $(C_P - C_V)(T_2 - T_3) = P_2(V_2 - V_1)$ を得る．一方 $P_2V_2 = RT_2, P_2V_1 = RT_3$ であるから $P_2(V_2 - V_1) = R(T_2 - T_3)$. よって $C_P - C_V = R$.

7　エチレンの燃焼熱は 1411.0 kJ mol^{-1} である．燃焼反応は $C_2H_4 + 3O_2 = 2CO_2 + 2H_2O$. 生成反応は $2C + 2H_2 = C_2H_4$ なので 2C と $2H_2$ の燃焼熱を引くと生成熱が求まる．$-\Delta H^{\ominus} = 1411.0 - 2(393.51 + 285.84) = 52.3$ kJ mol^{-1}.

8　$\Delta C_P = -44.94 + 10.29 \times 10^{-3}T$(J K^{-1} mol^{-1}). $\Delta H(T) = \Delta H(T_0) + \int_{T_0}^{T} \Delta C_P dT = \Delta H_0 - 44.94T + 5.145 \times 10^{-3}T^2$. ΔH_0 は T を含まない項で，$\Delta H(373) = 40668$ J mol^{-1} より $\Delta H_0 = 56714$ J mol^{-1}. これより $\Delta H(300) = 43.681$ kJ mol^{-1}.

第 3 章

1　e_{max} は $(700 - 500)/700$ と $2/7$ と $(700 - 300)/700 = 4/7$ である．T_h が同じなら e_{max} は $T_h - T_l$ に比例する．

2　熱機関の基本的条件は "循環的に作動する" ということである．トムソンの原理でも "何の影響も残さずに" という前提があるので，熱機関が作業したあと物質系のすべての状態は元に戻らなければならない．気体が膨張しただけでは物質の状態が変化しており，熱機関となっていない．

3　(1)　$e = (T_h - T_l)/T_h = 1/2$ より $T_h = 154$ K.
(2)　(3.7) 式より右図での V_2 を求める．
$T_h V_1^{\gamma-1} = T_l V_2^{\gamma-1}$,　$V_1/10V_1 = V_2/50V_1$
ゆえに $V_2 = 5V_1$
(3)　(3.8) 式より
$-W = Q$
$\quad = nR(T_h - T_l)\ln(10/1) = 737$ J.

4　(1)　蒸発の際に蒸気が外部に対してする仕事は
$$W = -\int P_e dV = -P_e \Delta V \quad (P_e = \text{一定}).$$
第 1 法則より $Q = \Delta U - W = \Delta U + P_e \Delta V$. 一方，$\Delta H = \Delta(U + PV) = \Delta U + P_e \Delta V$. ゆえに $Q = \Delta H$. H は状態量だから始めと終りだけできまる．
(2)　この場合 $Q_r = Q_{ir} = \Delta H$ で同じであるが，不可逆変化では外部温度 T_e は水の温度 T より大きい．$T_e > T$ だから不等式は成り立つ．

第 4 章

1 この場合いずれも $Q=0, W=0$ であるから外界については $\Delta S = 0$. 気体については
(1) 両者とも体積は変化しないから,$\Delta S = 0$.
(2) 気体の体積はどちらも 2 倍になるから,$\Delta S = -R\Sigma n_i \ln x_i = 4R\ln 2 = 23.05\,\mathrm{J\,K^{-1}}$.

2 He 3 mol と H_2 1 mol とを混合する過程を次の 2 段階に分けて考える.

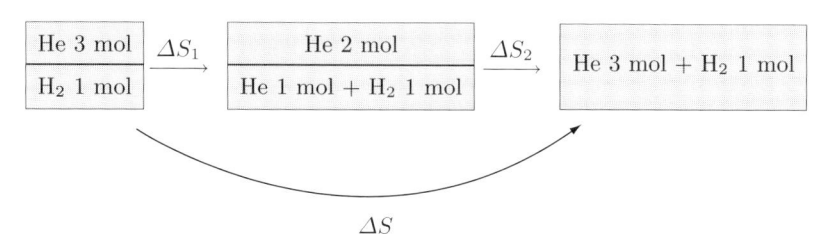

$$\boxed{\begin{array}{c}\text{He 3 mol}\\ H_2\ 1\ \text{mol}\end{array}} \xrightarrow{\Delta S_1} \boxed{\begin{array}{c}\text{He 2 mol}\\ \text{He 1 mol} + H_2\ 1\ \text{mol}\end{array}} \xrightarrow{\Delta S_2} \boxed{\text{He 3 mol} + H_2\ 1\ \text{mol}}$$

$$\Delta S$$

S は状態量だから $\Delta S = \Delta S_1 + \Delta S_2$ となる.$\Delta S = R(3\ln 4/3 + \ln 4)$.$\Delta S_1 = R(\ln 2 + \ln 2), \Delta S_2 = \Delta S - \Delta S_1 = 3R\ln 4/3$.

3 (1) $\Delta S(H_2O) = -6008/273.15 = -22.0\,\mathrm{J\,K^{-1}}$ (熱を放出).外界の温度が $0\,^\circ\mathrm{C}$ であれば $\Delta S(\text{外}) = 22.0\,\mathrm{J\,K^{-1}}$.外界の温度が $0\,^\circ\mathrm{C}$ 以下であれば熱の移動に伴ってエントロピーが生成するので $\Delta S(\text{外}) > 22.0\,\mathrm{J\,K^{-1}}$ となる. 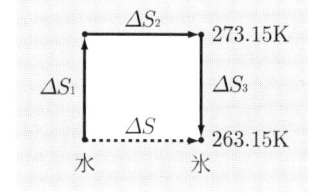
(2) 下のような経路での準静的変化によって $\Delta S_1, \Delta S_2, \Delta S_3$ を計算する.S は状態量だから $\Delta S = \Delta S_1 + \Delta S_2 + \Delta S_3$ となる.

$$\Delta S(H_2O) = C_P(\text{水})\ln\left(\frac{273.15}{263.15}\right) - 22.0 + C_P(\text{氷})\ln\left(\frac{263.15}{273.15}\right)$$
$$= -20.6\,\mathrm{J\,K^{-1}}.$$

$-10\,^\circ\mathrm{C}$ における融解熱は

$$\Delta H_{263.15} = -6008 + (75.15 - 37.62) \times 10 = -5632\,\mathrm{J\,mol^{-1}}$$

であるから $-10\,^\circ\mathrm{C}$ で 1 mol の水が直接氷となったときに外界が受取るエントロピーは $\Delta S_\text{外} = 5632/263.15 = 21.4\,\mathrm{J\,K^{-1}\,mol^{-1}}$ で,$\Delta S(\text{外}) > \Delta S(H_2O)$ となっており,不可逆変化であることがわかる.

問 題 略 解　　**169**

第 5 章

1　$dU = TdS - PdV$ より $T = \left(\dfrac{\partial U}{\partial S}\right)_V, -P = \left(\dfrac{\partial U}{\partial V}\right)_S$. $dH = TdS + VdP$ より $T = \left(\dfrac{\partial H}{\partial S}\right)_P, V = \left(\dfrac{\partial H}{\partial P}\right)_S$ を使う.

2　$dU = TdS - PdV$ より $\left(\dfrac{\partial U}{\partial V}\right)_T = T\left(\dfrac{\partial S}{\partial V}\right)_T - P$. (5.24) 式より (1) 式が得られる. 同様にして $dH = TdS + VdP$ と (5.24) 式より (2) 式が得られる.

(3)　$P \equiv P(T,V)$ とすると $dP = \left(\dfrac{\partial P}{\partial T}\right)_V dT + \left(\dfrac{\partial P}{\partial V}\right)_T dV$. 定圧の条件では $(dP = 0)$

$$\left(\dfrac{\partial P}{\partial T}\right)_V = -\left(\dfrac{\partial P}{\partial V}\right)_T \left(\dfrac{\partial V}{\partial T}\right)_P = -\dfrac{1}{V}\left(\dfrac{\partial V}{\partial T}\right)_P \bigg/ \dfrac{1}{V}\left(\dfrac{\partial V}{\partial P}\right)_T = \dfrac{\alpha}{\kappa}$$

3　(1)　(5.39) 式より

$$\Delta H = -R\ln(1040/583)/(1/403 - 1/383) = 3.71 \times 10^4 \,\mathrm{J\,mol^{-1}}.$$

(2)　この値と測定値 406 J g^{-1} とから酢酸蒸気の分子量は $M = 3.71\times10^4/406 = 91.4$. これは $CH_3COOH = 60$ よりも大きく, 蒸気中でも 2 分子会合体が多く存在することがわかる.

4　水と氷の体積差は 1g 当りで $1/0.9999 - 1/0.9168 = -0.0907\,\mathrm{cm^3 g^{-1}}$. (5.38) 式より $dT/dP = T\Delta V/\Delta H_\mathrm{f} = -273 \times 0.0907/333.88 = 7.416 \times 10^{-2}\,\mathrm{deg\,cm^3 J^{-1}}$. $1\,\mathrm{atm} = 1.013 \times 10^5\,\mathrm{Pa} = 1.013 \times 10^6\,\mathrm{dyn\,cm^{-2}}$, $1\,\mathrm{J} = 10^7\,\mathrm{dyn\,cm}$ であるから $\mathrm{J} = 9.869\,\mathrm{cm^3\,atm}$. $dT/dP = -0.0075\,\mathrm{deg\,atm^{-1}}$. 圧力が 1 atm より 4.58 Torr $= 6 \times 10^{-3}$ atm まで下るから $\Delta T = 0.0075\,\mathrm{deg}$ 上昇する. 3 重点 0.01°C との差は, 氷の融点が空気で飽和された水との平衡点として測定されているために, 水の凝固点降下で純水のそれよりも 0.0024 deg だけ低下しているためである.

5　ベンゼンの蒸気圧が 750 Torr を示す温度を求めればよい. $T_1 = 273.15 + 80.13 = 353.28$ K, $\Delta H_\mathrm{f} = 31.6 \times 10^3$ J mol^{-1}, $P_1 = 760$ Torr, $P_2 = 750$ Torr として次式より T_2 を求める.

$$\log \dfrac{P_2}{P_1} = -\dfrac{\Delta H_\mathrm{f}}{2.303R}\left(\dfrac{1}{T_2} - \dfrac{1}{T_1}\right)$$

$$\log \dfrac{750}{760} = -\dfrac{31.6 \times 10^3}{2.303 \times 8.314}\left(\dfrac{1}{T_2} - \dfrac{1}{353.28}\right)$$

$$\therefore\ T_2 = 352.85\,\mathrm{K} = 79.7°\mathrm{C}$$

第 6 章

1 ベンゼン(1)—トルエン (2) は理想溶液とみなせる．ラウールの法則により $P_1 = P_1^\circ x_1$, $P_2 = P_2^\circ x_2$. 蒸気の組成は $y_1 = P_1/P = x_1 P_1^\circ/(P_1 + P_2)$. $y_2 = P_2/P = 1 - y_1$. $y_1 = 0.659 \times 957/760 = 0.830$. $y_2 = 0.170$.

2 蒸気 O を冷却して温度が T_A になると，組成 A′ の溶液が凝集し，組成 A の蒸気と平衡になる．A′ は成分 1 の方が多いから蒸気中の組成は x_2 が大きい方へ移動し，それとともに液相との平衡温度も気相線 (A → B″ → C″) に沿って低下する．凝縮する液相の温度と組成は液相線 (A′ → B′ → C) に沿って変化する．O—A—B—C を結ぶ垂直線は液相と気相全部を合わせた系の平均組成で，これは変化しない．蒸気の組成・温度が点 C″ に達したときは液相の組成が系全体として組成と等しくなっており，全部が液相になったことになる．したがってここで凝縮は終了する．

3 この場合は共沸点は極大沸点で，ここで液相線と気相線は接する．

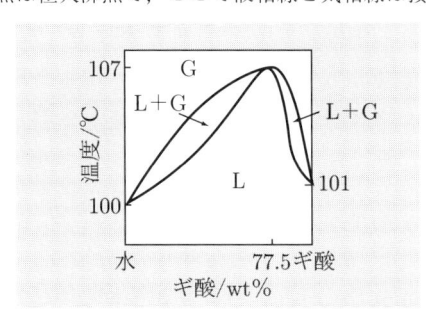

4 (1) I の点より垂直に下した直線と曲線 ac との交点において純粋な A の液体が凝縮し始め，曲線 ac に沿って温度と蒸気の組成が変化する．水平線 bcd の温度に達すると，点 c に相当する組成の気相と純粋な A の液体と点 d に相当する組成の溶液とが共存し，温度一定となる．この温度以下では 2 つの液相が共存する．

(2) 次図の点 f に達すると，組成 g の蒸気を出す．温度の上昇とともに液相の組成は曲線 fe，気相の組成は曲線 ge に沿って平衡を保ちつつ変化する．点 h 以上の温度では気相のみとなる．

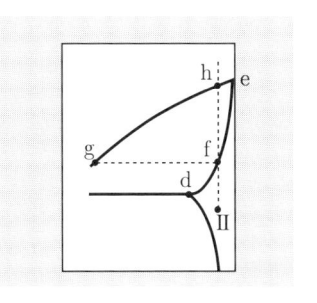

5 状態図は下図のとおりとなる．食塩が 24wt ％以上あれば氷が残っているあいだは S_1+S_2 の状態が保持されるので系は $-22°C$ に保たれる．

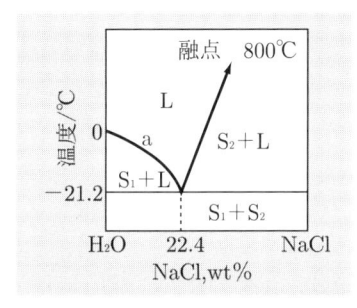

第 7 章

1 μ_i は混合系中での成分 i の部分モルギブズエネルギーであるから $G = \Sigma n_i \mu_i = \Sigma n_i \mu_i^\circ + RT\Sigma n_i \ln x_i$. $\Sigma n_i \mu_i^\circ$ は混合前のギブズエネルギー和であるから，$\Delta G_{\text{mix}} = \Sigma n_i \mu_i - \Sigma n_i \mu_i^\circ = RT\Sigma n_i \ln x_i$. これより，$\Delta S_{\text{mix}} = -(\partial \Delta G_{\text{mix}}/\partial T)_P = -R\Sigma n_i \ln x_i$

$$\Delta V_{\text{mix}} = (\partial \Delta G_{\text{mix}}/\partial P)_T = 0. \qquad \Delta H_{\text{mix}} = \Delta G_{\text{mix}} - T\Delta S_{\text{mix}} = 0.$$

$$\Delta U_{\text{mix}} = \Delta H_{\text{mix}} - T\Delta V_{\text{mix}} = 0.$$

2 (1) $x_1 = x_2 = 0.5$ でベンゼンの化学ポテンシャルは $\mu_1 = \mu_1^\circ + RT \ln 0.5$. μ_1° は純ベンゼンのモル当りギブズエネルギーであるから $W = \Delta G = \mu_1^\circ - \mu_1 = -RT \ln 0.5 = 1717 \text{ J}$ (大量にあるから $x_1 = x_2 = 0.5$ で変化しない).
(2) 1 mol のベンゼンと 1 mol のトルエンとを混合する際のギブズエネルギー変化を計算すればよい．

$$W = \Delta G = (\mu_1^\circ + \mu_2^\circ) - (\mu_1^\circ + RT \ln 0.5 + \mu_2^\circ + RT \ln 0.5)$$
$$= -2RT \ln 0.5 = 3434 \text{ J}.$$

3 (1) $f = c - p + 2 = 2 - 3 + 2 = 1$. (2) 成分 A は気，液，固相に共存しているから $\mu_A^{\circ(g)}(P,T) = \mu_A^{(\ell)} = \mu_A^{\circ(s)}(P,T)$. ただし $\mu_A^{(\ell)} = \mu_A^{\circ(\ell)}(P,T) + RT \ln a_A$.
(3) 溶液の濃度を変えると $\mu_A^{(\ell)}$ の値が変化しそれとともに平衡状態の P, T も変化するが，上記の $\mu_A^{\circ(g)}(P,T) = \mu_A^{\circ(s)}(P,T)$ の関係は保たれる．これは (P,T) が純粋な A の昇華曲線上を移動することを意味している．

4 蒸気は理想気体，溶液は希薄と考えてよい．HCl の濃度を m とする．平衡条件は $\mu_{\text{HCl}}^{(g)} = \mu_{\text{HCl}}^{(\ell)}$ で

$$\mu_{\text{HCl}}^{(\ell)} = \mu_{\text{HCl}}^{\circ(\ell)} + RT \ln (\gamma_\pm m_\pm)^2 \simeq \mu_{\text{HCl}}^{\circ(\ell)} + RT \ln m^2, \quad \mu_{\text{HCl}}^{(g)} = \mu_{\text{HCl}}^{\circ(g)} + RT \ln P_{\text{HCl}}$$

したがって $m = (P_{\text{HCl}})^2 \exp\left(\dfrac{\mu_{\text{HCl}}^{\circ(\text{g})} - \mu_{\text{HCl}}^{\circ(\ell)}}{2RT}\right) = A(P_{\text{HCl}})^{1/2}$ となる．$A = \exp\left(\dfrac{\mu_{\text{HCl}}^{\circ(\text{g})} - \mu_{\text{HCl}}^{\circ(\ell)}}{2RT}\right)$ は温度一定なら一定（$\gamma_\pm$ は電解質溶液の平均活量係数 (9.15) 式参照）．

5 (1) 左右の相における溶媒の化学ポテンシャルが等しいこと．
$$\mu(P_0 + \Pi) = \mu^\circ(P_0)$$

(2) $\mu(P_0 + \Pi) = \mu^\circ(P_0 + \Pi) + RT \ln x_1 = \mu^\circ(P_0)$. $\left(\dfrac{\partial \mu^\circ}{\partial P}\right)_T = \bar{V}$ （$\bar{V}$ は溶媒のモル体積）より

$$\mu^\circ(P_0 + \Pi) - \mu^\circ(P_0) = \int_{P_0}^{P_0 + \Pi} \bar{V} dP \simeq \Pi \bar{V}$$

$\therefore \ \Pi \simeq -\dfrac{RT}{\bar{V}} \ln x_1 \simeq \dfrac{RT}{\bar{V}} x_2$ （x_1 は溶媒，x_2 は溶質のモル分率）

6 (1) $dG = -SdT + VdP$ と $\left(\dfrac{\partial G}{\partial T}\right)_P = -S$ より

$$H = G + TS = G - T\left(\dfrac{\partial G}{\partial T}\right)_P = -T^2 \left[\dfrac{\partial (G/T)}{\partial T}\right]_P$$

(2) 純粋固体と溶液との平衡条件より
$$\mu_{\text{B}}^{\circ(\text{s})} = \mu_{\text{B}}^{\circ(\ell)} + RT \ln x_{\text{B}}$$

P 一定で T について微分し，ギブズ・ヘルムホルツの式を用いると

$$\left(\dfrac{\partial \ln x_{\text{B}}}{\partial T}\right)_P = -\left[\dfrac{\partial}{\partial T}\left(\dfrac{\mu_{\text{B}}^{\circ(\ell)} - \mu_{\text{B}}^{\circ(\text{s})}}{RT}\right)\right]_P = \dfrac{H_{\text{B}}^{\circ(\ell)} - H_{\text{B}}^{\circ(\text{s})}}{RT^2} = \dfrac{\Delta H_\text{f}}{RT^2}$$

ここで $H_{\text{B}}^{\circ(\ell)}, H_{\text{B}}^{\circ(\text{s})}$ は純粋な B の液体および固体のモルエンタルピーである．ΔH_f を一定とみなして T_m より T まで積分すると，$\ln x_{\text{B}} = \dfrac{\Delta H_\text{f}}{R}\left(\dfrac{1}{T_m} - \dfrac{1}{T}\right)$

第 8 章

1 (1) $2\text{NH}_3 \rightleftarrows \text{N}_2 + 3\text{H}_2$. 初めの NH_3 を物質量を n, 解離度を α とする．気体の状態式は，解離前は $14.7 \times 2.00 = nR \times 298$ である．解離後は，$50.0 \times 2.00 = n(1+\alpha)R \times 623$ となる． $\therefore \ \alpha = 0.627$

(2) $x(\text{NH}_3) = 0.229, x(\text{N}_2) = 0.193, x(\text{H}_2) = 0.578; p(\text{NH}_3) = 11.5\,\text{atm}, p(\text{N}_2) = 9.63\,\text{atm}, p(\text{H}_2) = 28.9\,\text{atm}$

(3) $K_p = 11.5^2/(9.63 \times 28.9^3) = 5.69 \times 10^{-4}\,\text{atm}^{-2}$

2 ホスゲンが全く解離していないとすると，500°C では容器内気体の圧力は $0.710 \times$

問 題 略 解   **173**

$10^5 \times 773/290 = 1.89 \times 10^5$ Pa. 解離のため圧力は 0.12×10^5 Pa 増大している. したがって $P_{CO} = P_{Cl_2} = 0.12 \times 10^5$ Pa. 他方ホスゲンの分圧は
$$(1.89 - 0.12) \times 10^5 = 1.77 \times 10^5 \text{ Pa}.$$
ゆえに $K_P = (0.12 \times 10^5)^2/1.77 \times 10^5 = 8.14 \times 10^2$ Pa.
$$K_c = K_P(RT)^{\Delta n_g} = K_P/RT = 8.14 \times 10^2/(8.314 \times 773)$$
$$= 0.127 \text{ mol m}^{-3}.$$

3 (1) 純粋な N_2O_4 の密度を ρ_0 とすると, $\alpha = \rho_0/\rho - 1 = 0.184$.
(2) 全圧を P とすると $K_P = 4\alpha^2 P/(1-\alpha^2) = 0.141$ atm.
(3) $\Delta G^\ominus = -RT\ln K_P = 4.85$ kJ mol^{-1}.   (4) $\Delta S^\ominus = (\Delta H^\ominus - \Delta G^\ominus)/T = 179$ J K^{-1} mol^{-1}. 2 分子に解離することによって気体のエントロピーは増大する.

4 表 8.1 より $CH_4, CO_2, H_2O(\ell)$ の $\Delta G^\ominus$ は $-50.793, -394.38, -237.19$ kJ mol^{-1} である. 反応に伴うギブズエネルギー変化 $\Delta G^\ominus = -394.38 - 2 \times 237.19 + 50.793 = -817.97$ kJ mol^{-1}. $\ln K_P^\ominus = -\Delta G^\ominus/RT = 817.97 \times 10^3/(8.314 \times 298) = 330.1$. $K_P = 10^{143}$. 反応は完全に右へ進む.

5 o–キシレンから m–キシレンおよび p–キシレンを生成するときの標準自由エネルギー変化は
$$G^\ominus(m\text{–X}) - G^\ominus(o\text{–X}) = \Delta H_f^\ominus(m\text{–X}) - \Delta H_f^\ominus(o\text{–X})$$
$$-T(S^\ominus(m\text{–X}) - S^\ominus(o\text{–X}))$$
$$G^\ominus(p\text{–X}) - G^\ominus(o\text{–X}) = \Delta H_f^\ominus(p\text{–X}) - \Delta H_f^\ominus(o\text{–X})$$
$$-T(S^\ominus(p\text{–X}) - S^\ominus(o\text{–X}))$$

で与えられる. したがって
$$\Delta G_1^\ominus(o \to m) = -0.98 \times 10^3 - 298 \times 5.7 = -2679 \text{ J mol}^{-1}$$
$$\Delta G_2^\ominus(o \to p) = 0.01 \times 10^3 - 298 \times 0.9 = -258 \text{ J mol}^{-1}$$

これより
$$K_1 = \frac{[m\text{–X}]}{[o\text{–X}]} = e^{-\Delta G_1^\ominus/RT} = e^{2679/(8.314 \times 298)} = e^{1.081} = 2.95$$

同様にして
$$K_2 = \frac{[p\text{–X}]}{[o\text{–X}]} = e^{-\Delta G_2^\ominus/RT} = e^{0.104} = 1.11$$
$$K_3 = \frac{[m\text{–X}]}{[p\text{–X}]} = \frac{[m\text{–X}]/[o\text{–X}]}{[p\text{–X}]/[o\text{–X}]} = \frac{K_1}{K_2} = 2.66$$

したがって組成比は
$$[o\text{--}X] : [m\text{--}X] : [p\text{--}X] = 1 : 2.95 : 1.11$$
全体を 1 としたときの各成分の割合は 0.198 : 0.583 : 0.219 である．

6 800°C と 1000°C の K_P の値を使って，その間の ΔH が一定とすると，(8.36) 式より $\ln(3.871/0.220) = \Delta H^{\ominus} \times (1273 - 1073)/R \cdot 1273 \cdot 1073$. $\Delta H^{\ominus} = 162.87\,\mathrm{kJ\,mol^{-1}}$. 900°C における $K_P = P_{\mathrm{CO_2}}$ を x atm とすると

$$\ln(3.871/x) = 162.87 \times 10^3 \times 100/R \cdot 1273 \cdot 1173 = 1.3116.$$
$$x = 3.871/3.712 = 1.043\,\mathrm{atm}.$$

$\Delta G^{\ominus} = -RT \ln K_P = -410.6\,\mathrm{J\,mol^{-1}}$ ($\Delta G^{\ominus} < 0$ で 1 atm 下では自発的に分解する)．
$$\Delta S^{\ominus} = (\Delta H^{\ominus} - \Delta G^{\ominus})/T = 139.2\,\mathrm{J\,K^{-1}\,mol^{-1}}.$$

第 9 章

1 電解質の希薄溶液の凝固点降下は
$$\Delta T_\mathrm{f} = -i K_\mathrm{f} m$$
ここで，K_f はモル凝固点降下定数，m は溶質の重量モル濃度である．
　この問題では $\Delta T_\mathrm{f} = -0.00257\,\mathrm{K}$, $c = 0.001\,\mathrm{mol\,dm^{-3}} \simeq m = 0.001\,\mathrm{mol\,kg^{-1}}$, また $K_\mathrm{f} = 1.86\,\mathrm{K\,deg\,mol^{-1}\,kg}$ (水)であるから
$$i = \frac{-\Delta T_\mathrm{f}}{K_\mathrm{f} m} = \frac{0.00257}{1.86 \times 0.001} = 1.38$$

2 この酢酸水溶液のモル濃度は
$$c = \frac{4.2}{0.5 \times 60.0} = 0.14\,\mathrm{mol\,dm^{-3}},\ (M_{\mathrm{CH_3COOH}} = 60.0\,\mathrm{g\,mol^{-1}})$$
(9.9) 式より
$$\alpha = \sqrt{\frac{K_\mathrm{a}}{c}} = \sqrt{\frac{1.75 \times 10^{-5}}{0.14}} = 0.0112$$
$$\mathrm{pH} = -\log[\mathrm{H^+}] = -\log c\alpha = -\log(0.14 \times 0.0112) = 2.81$$

$\alpha = 0.1$ のとき，(9.7) 式に入れて
$$\frac{c^2(0.1)^2}{c(1-0.1)} = 1.75 \times 10^{-5},\quad c = \frac{0.9 \times 1.75 \times 10^{-5}}{(0.1)^2} = 0.00158\,\mathrm{mol\,dm^{-3}}$$

問題略解   **175**

3 (1)　Zn > Fe > Sn > H_2 > Cu > Ag.　　(2)　(a)　$0-(-0.763)=0.763\,\text{V}$.
(b)　$[0.799-(-0.140)]-0.0591\log(1.0/0.1)=0.880\,\text{V}$.　　(c)　右側の極の反応は $Fe^{3+}+e^-=Fe^{2+}$ であるから，$[0.771-0.0591\log(0.01/1.0)]-0.337=0.553\,\text{V}$.

4　表 9.3 より $Cl^-|AgCl|Ag$ の $E^\ominus=0.222\,\text{V}$，$Cl^-|Cl_2,\,Pt$ の $E^\ominus=1.359\,\text{V}$ であるから

$$Ag+1/2Cl_2 \longrightarrow AgCl. \quad E^\ominus=1.359-0.222=1.137\,\text{V}.$$

$$\Delta G^\ominus=-zFE^\ominus=-1\times 96485\times 1.137\,\text{J mol}^{-1}=-109.7\,\text{kJ mol}^{-1}$$

5　標準電極電位は $E^\ominus(Cd^{2+}|Cd)=-0.403\,\text{V}$，$E^\ominus(Zn^{2+}|Zn)=-0.763\,\text{V}$ であり，電池の標準起電力は

$$E^\ominus=E^\ominus(Cd^{2+}|Cd)-E^\ominus(Zn^{2+}|Zn)=-0.403-(-0.763)=0.360\,\text{V}>0$$

すなわち右側が正極で，左側が負極
(1)　正極反応（右極）　還元反応　$Cd^{2+}+2e^- \longrightarrow Cd$
　　　負極反応（左極）　酸化反応　$Zn \longrightarrow Zn^{2+}+2e^-$

(2)　全電池反応　　　　　　　　$Zn+Cd^{2+} \longrightarrow Zn^{2+}+Cd$
(3)　酸化剤 Cd^{2+}，還元剤 Zn
(4)　$E^\ominus>0$ であるから $\Delta G^\ominus=-E^\ominus F<0$ で，上の反応
　　　$Zn+CdSO_4=ZnSO_4+Cd$
は自発的に起り，反応生成物は $ZnSO_4$ と Cd である．

6　鉛蓄電池

$$Pb|PbSO_4(s),\,H_2SO_4(aq),\,PbO_2(s)|Pb$$

右極反応　　$PbO_2+4H^++SO_4^{2-}+2e^- \longrightarrow PbSO_4(s)+2H_2O$
左極反応　　$Pb+SO_4^{2-} \longrightarrow PbSO_4(s)+2e^-$

全電池反応　$Pb+PbO_2+2H_2SO_4 \longrightarrow 2PbSO_4(s)+2H_2O$

$$\Delta G=-zEF=-2\times 1.97\times 96485=-380.2\,\text{kJ}$$

$$\Delta H=zF\left[-E+T\left(\frac{\partial E}{\partial T}\right)_P\right]=2\times 96485$$
$$\times(-1.97+298\times 4.0\times 10^{-4})=-357.2\,\text{kJ}$$

$$\Delta S=zF\left(\frac{\partial E}{\partial T}\right)_P=2\times 96485\times 4.0\times 10^{-4}=77.2\,\text{J K}^{-1}$$

7 Pt, $H_2|HCl(0.01 \text{ mol dm}^{-3})||HCl(x \text{ mol dm}^{-3})|H_2$, Pt

右極反応	$2H^+(x) + 2e^- \longrightarrow H_2$
左極反応	$H_2 \longrightarrow 2H^+(0.01) + 2e^-$
全電池反応	$2H^+(x) \longrightarrow 2H^+(0.01)$

この電池の起電力は
$$E = -\frac{2RT}{zF} \ln \frac{0.01}{x}.$$
$z = 2$ であるから
$$\ln x = \frac{F}{RT} \cdot E + \ln 0.01 = \frac{96485}{8.314 \times 298} \times 0.050 + \ln 0.01$$
$$= -2.658$$
$$x = 0.07 \text{ mol dm}^{-3}$$

8 電池
$$Ag|Ag^+, I^-|AgI(s)|Ag$$
において $E^\ominus_右 = -0.1518 \text{ V}$, $E^\ominus_左 = +0.7991 \text{ V}$
$$E^\ominus = E^\ominus_右 - E^\ominus_左 = -0.1518 - 0.7991 = -0.9509 \text{ V}$$
この電池の電池内反応は $\quad AgI \rightleftarrows Ag^+(a_+) + I^-(a_-)$

電池の起電力は
$$E = E^\ominus - \frac{RT}{zF} \ln a_+ a_-$$
平衡にあるから $E = 0$, $a_+^e a_-^e = K_s$ （溶解度積）
$$\therefore \quad E^\ominus = \frac{RT}{zF} \ln K_s$$
$$\ln K_s = \frac{zF}{RT} E^\ominus = \frac{1 \times 96485}{8.314 \times 298} \times (-0.9509) = -37.03$$
$$K_s = 8.3 \times 10^{-17} \text{ mol}^2 \text{ dm}^{-6}$$

9 $c_1 = 0.10$, $c_2 = 0.01$, Pb^{2+} なので $z = 2$. 電池内反応は

右極	$Pb^{2+} + 2e^- = Pb(a_2)$
左極	$Pb(a_1) = Pb^{2+} + 2e^-$
全体	$Pb(a_1) = Pb(a_2)$

であるから

$$E = -\frac{RT}{zF}\ln\frac{a_2}{a_1} = -\frac{8.314 \times 298}{2 \times 96485}\ln\frac{0.01}{0.10}$$
$$= 0.0296\,\text{V}.$$

10 全電池反応は $H_2 + 1/2 O_2 \longrightarrow H_2O$ である ($z = 2$). $\Delta S^\ominus = 69.9 - (130.6 + 205.0/2) = -163.2\,\text{J}\,\text{K}^{-1}\,\text{mol}^{-1}$. $\Delta S^\ominus = zF(\partial E^\ominus/\partial T)_P$ より,

$$\left(\frac{\partial E^\ominus}{\partial T}\right)_P = -8.46 \times 10^{-4}\,\text{V}\,\text{K}^{-1}$$

索　引

あ　行

アーベルの定理　160
アボガドロ定数　156
アマルガム　140
アマルガム電極　143

1次相転移　57
1成分系　3

ウェストン電池　140

永久機関　44
液相線　93
エネルギー等分配則　24
エネルギーの単位　9
エネルギー保存則　1
塩素電極　144
エンタルピー　21
エントロピー　40, 53
エントロピー増大則　1, 66
エントロピーの計算　55
エントロピーの分子論的意味　60

温度　4
温度変化に伴うエントロピー変化　55
温度目盛　5

か　行

外界　2
開放系　2
解離圧　123

解離平衡　119
化学反応式　115
化学ポテンシャル　86
化学量論係数　33, 115
可逆サイクル　43
可逆変化　12
活量　113
活量係数　113
ガラス電極　150, 151
カルノーサイクル　48
カルノーの原理　47
カロメル電極　145
カロリー　9
還元電位　146
完全微分　17, 162

気相線　93
気体定数　12
気体電極　144
気体濃淡電池　150
起電力の温度依存性　139
ギブズ・デュエムの式　105
ギブズ(の自由)エネルギー　73
ギブズの相律　91
ギブズ・ヘルムホルツの式　78
基本物理定数　157
凝固点降下度　110
凝縮曲線　93
共晶　96
強電解質　128
共沸混合物　95
共融混合物　96

178

索　引

均一系　　2
金属電極　　143
金属–難溶性塩電極　　145

クラウジウスの原理　　44
クラウジウスの不等式　　69
クラペイロン・クラウジウスの式　　80
グリーンの公式　　161

系　　2
ケルビン　　5
原子化熱　　34

高融点　　97
国際単位系　　154
孤立系　　2

さ　行

酸化還元電極　　144
3重点　　83
残留エントロピー　　63

示強性の量　　4
仕事　　7
仕事関数　　72
仕事効率　　47
自然変数　　75
質量作用の法則　　118
弱電解質　　128, 129
自由エネルギー　　71
自由膨張　　14
ジュール　　9
ジュール・トムソン係数　　38
ジュール・トムソン効果　　38
ジュールの法則　　15
準静的変化　　11, 42
昇華　　83
昇華圧　　83

昇華熱　　83
蒸気圧　　78
蒸気圧曲線　　78
蒸気圧降下　　107
状態式　　158
状態図　　82
状態量　　4, 16, 158
示量性の量　　4
浸透　　111
浸透圧　　111, 128
親和力　　116

水素電極　　144

生成体　　115
積分因子　　164
セ氏温度目盛　　5
絶対温度　　5, 51
絶対零度　　4
線積分　　159
全微分　　18, 159

相　　3
相図　　82
相対活量　　113, 132
相転移に伴うエントロピー変化　　57
束一的性質　　128
束縛エネルギー　　74

た　行

第1種永久機関　　8
体積変化の仕事　　10
第2種永久機関　　44
多形　　84
多原子分子　　24
多成分系　　3
ダニエル電池　　134, 137
単位の換算　　156

単原子分子　　24
断熱過程　　26
断熱系　　2
断熱変化　　26
定圧熱容量　　21
定圧平衡式　　124
定圧変化　　20
定温定圧変化　　73
定温(定積)変化　　71
定積熱容量　　21
定積変化　　20, 71
電解質　　128
電解質濃淡電池　　148
電極　　143
電極電位　　146
電極濃淡電池　　149
電池　　133
電池の起電力　　135
電離　　128
電離定数　　130
電離度　　129

独立成分の数　　91
トムソンの原理　　44
トルートンの規則　　81
ドルトンの法則　　59

な　行

内部エネルギー　　9

2原子分子　　24

熱　　1
熱エネルギー　　1
熱機関　　46
熱機関の仕事効率　　46
熱力学的温度　　52
熱力学第1法則　　1, 8
熱力学第3法則　　62
熱力学第2法則　　1, 43
熱力学第零法則　　5
熱力学的エントロピー　　63
熱力学的カロリー　　10
ネルンストの熱定理　　62
燃焼熱　　31

濃淡電池　　148
濃度平衡定数　　119

は　行

配置の数　　60
半電池　　143
半透膜　　111
反応進行度　　116
反応体　　115
反応熱　　29
反応熱の温度変化　　36
反応のエントロピー変化　　139

ヒートポンプ　　50
微視的状態の数　　60
非補償熱　　70
標準圧平衡定数　　117
標準エントロピー　　64
標準起電力　　137
標準ギブズエネルギー変化　　117
標準原子生成熱　　34
標準親和力　　137
標準水素電極　　146
標準生成エンタルピー　　31
標準生成ギブズエネルギー　　121
標準生成熱　　31
標準電極電位　　145
標準電池　　140
標準燃焼熱　　31
標準沸点　　80

索　引

ファント・ホッフの式　112
ファント・ホッフの係数　128
不可逆過程　40
不可逆変化　11, 40
不完全微分　17
不均一系　2
不均一系の化学平衡　123
物質量　155
沸点上昇　108
沸点図　93
沸騰曲線　93
部分モル体積　104
ブンゼンの吸収係数　107
分配係数　110, 111
分離圧　123
分留の原理　93

平均活量（係数）　132
平均結合エネルギー　35
平衡定数の温度依存性　123
平衡条件　74
平衡状態　4
閉鎖系　2
ヘスの法則　30
ヘルムホルツ（の自由）エネルギー　72
偏導関数　15, 158
偏微分係数　158
ヘンリーの法則　106, 107
ヘンリーの定数　106, 107

ポアッソンの式　27
ボルツマン定数　60

ま　行

マイヤーの関係式　23

マクスウェルの関係式　77

モル　155
モル凝固降下定数　110
モル熱容量　22
モル標準エントロピー　65
モル沸点上昇定数　109

や　行

溶液中　93
溶解度積　141

ら　行

ラウールの法則　93
乱雑さ　60

理想気体の混合に伴うエントロピー変化　58
理想気体の混合　89
理想気体の定温度化に伴うエントロピー変化　58
理想気体の等温体積変化　12
理想気体の内部エネルギー　14
理想溶液　93, 101
臨界共溶温度　99

ルシャトリエの原理　124
ルジャンドル変換　76

冷却効果　50

欧　字

pHの測定　150
SI基本単位　154
SI組立単位　155

著者略歴

渡辺　啓
（わたなべ　ひろし）

1956年　東京大学理学部化学科卒業
現　在　東京大学名誉教授
　　　　理学博士

主要著書

概説物理化学（共立出版，共著）
情報とエントロピー（共立出版，共著）
日常の化学（サイエンス社）
読切科学史（F & K 科学出版，共著）
演習化学熱力学（サイエンス社）
物理化学（サイエンス社）
現代の化学（サイエンス社）
現代化学の基礎（サイエンス社）
演習基礎化学（サイエンス社）
演習物理化学（サイエンス社）
エントロピーから化学ポテンシャルまで（裳華房）
化学平衡（裳華房）

サイエンスライブラリ　化学＝4

化学熱力学 [新訂版]

1987年12月25日 ©		初版発行
2001年 1月25日		初版第12刷発行
2002年 9月10日 ©		新訂第1刷発行
2019年 3月10日		新訂第13刷発行

著　者　渡辺　啓　　　　発行者　森平敏孝
　　　　　　　　　　　　印刷者　杉井康之
　　　　　　　　　　　　製本者　米良孝司

発行所　株式会社　サイエンス社
〒151-0051　東京都渋谷区千駄ヶ谷1丁目3番25号
営業☎(03) 5474-8500（代）振替 00170-7-2387
編集☎(03) 5474-8600（代）FAX☎(03) 5474-8900

印刷　（株）ディグ　　製本　（株）ブックアート

《検印省略》

本書の内容を無断で複写複製することは，著作者および
出版者の権利を侵害することがありますので，その場合
にはあらかじめ小社あて許諾をお求め下さい．

ISBN4-7819-1014-9
PRINTED IN JAPAN

サイエンス社のホームページのご案内
http://www.saiensu.co.jp
ご意見・ご要望は
rikei@saiensu.co.jp　まで．